大前研一新・商業模式的思考

大前研一「ビジネスモデル」の教科書

大前研一——著
高詹燦——譯

前言──

以「當事人」的身分用心思考！

本書的書名為《大前研一「新・商業模式」的思考》。這並非要人學習「存在於現今社會」的各種商業模式。

它其實是透過我親身履行的個案研究手法，針對「如果你是這家公司的社長，會如何解決公司所面臨的問題？」「如果你是一位經營者，對這家公司的事業，你會做出何種決策判斷？」這類的課題，徹底投入其中，展開有助於經營的思考力和判斷力的訓練。就這層意涵而言，它可說是用來「創造全新商業模式」的教科書。

許多商學院討論的都是已跟不上時代的問題。就連我以前擔任客座教授的史丹佛大學，也是以很老舊的案例進行討論。個案研究如果不是以即時（現在進行式）的課題當個案處理，便失去其意義。像進行這種無意義的個案研究的場所，多年來我看太多了，早已看膩。

近來的商學院也一樣，直接以知名大學掛保證的老舊案例來上課，嚴重一點的，還在提「柯達與拍立得的那場商戰」、「Gateway2000 是如何取得最大市占率」，這些根本就是現今連要從網路上搜尋相關資料都有困難的陳年舊事。真要比喻的話，就像是命人「用人們不要，而且已經發臭的食材做出美味可口的菜餚」。

如同要做出可口的菜餚需要現採的新鮮蔬菜或鮮魚一樣，要成為優秀的經營者或商業人士，就必須以即時的個案當題材。否則個案研究就不會具有真實性。

對於還沒有答案，以及身為當事人的領導人目前所面臨的課題，我希望各位讀者也能站在和他們同樣的立場，一起用心思考。該蒐集怎樣的資訊、如何解讀、如何分析、如何運用？如果自己站在他們的立場，又會怎麼處理？希望各位能養成徹底思考的習慣。

這種訓練的目的並不是要對企業所面臨的課題或問題找出「解答」。經過一番苦思後，站在經營者的立場「提出自己的一套結論」，這才是重點，解決問題的能力將透過這種訓練的反覆累積而得到磨練。

在本書後半段的「實踐個案研究」中，我會舉我在商業突破大學（BBT大學）擔任校長時，作為每週課題，在班上提出進行討論的案例（Real Time Online Case Study＝RTOCS®）。

對於每個案例，我也和學生一樣思考，提出自己的結論，但我並不希望學生們將它當作正確答案，一味死記，用這種方式學習。而是在心裡想「如果是我的話，我會這麼想，並且在大前的想法之外，再加上我自己的看法」，讓自己的構思進化，當自己真的是一名經營者，以此進行決策判斷。再多的反對意見都要接受。衷心期盼各位都能抱持這樣的心態挑戰各種課題，學會經營力，以求日後在付諸實踐的場合中，能確實派上用場。

商業突破大學校長　**大前研一**

目錄

PART 1

大前式商業模式的呈現方式

PART 2

如果你是經營者？

實踐個案研究

CASE・3

Uber 面對「急速成長帶來的痛苦」 074

CASE・4

任天堂 因應變化創造「熱門」 092

CASE・5

Canon 業界的危機，「生存下去」的戰略 111

※關於本書所收錄的個案研究是摘錄二〇一五年一月～十月，於BBT大學實際進行的RTOCS®中的一部分，加以編輯而成。

●收錄的個案研究，是ＢＢＴ大學綜合研究所為了學術研究及班級討論所製作，與該企業的任何經營判斷一概無關。●該企業的相關資訊，乃基於一般公開的資訊及報導，一概沒使用非公開資訊或內部資訊。●每個個案都是根據授課時已公開的資訊所做的見解和預測，對於現在或以後，不做任何保證。此外，為了能基於當時的狀況展開研究，本書在刊登時，不會刻意更新資料。●圖表及內文所記載的資料，是從ＢＢＴ大學綜合研究所認為可信任的各種資訊來源處取得，但綜合研究所不保證其正確性及完整性。●ＢＢＴ大學綜合研究所對於本書的資訊遭人利用所產生的一切損害，概不負責。

PART 1

大前流
商業模式的
呈現方式

如果你是社長，你會怎麼做？

要徹底進行邏輯性的研究，持續展開訓練

各位讀者，從現在起你們將成為我「商業模式教室」的學生。在實際展開學習前，對於透過本書主要談論的「實踐個案研究」，各位能學到什麼，而我又希望各位如何學習，我想先在此做一番詳細說明。

「個案研究」中所列的十二個企業案例，內容與我在ＢＢＴ大學實際上課的內容幾乎完全相同，我另外又加以重新編輯整理，「想讓各位讀者也能體驗ＢＢＴ大學的學生所學的個案研究」，是本書的主旨。

而「大前式個案研究」（Real Time Online Case Study = RTOCS®）全都是採用實際存在的企業或團體當作案例，每次都會提出「如果你是〇〇公司的社長，你會怎麼做？」的課題。對於該企業「沒人知道正確答案，處於現在進行式的經營課題」，我要求學生們在一星期的期限內，透過「搜尋、分析」「討論、研究」，提出「自己的一套結論」。

而我自己也會經歷同樣的過程，在學生面前說出我的見解。學生們比較我和他們的不同見解，然後回顧自己的分析和研究。

透過這樣的「實踐」與「討論」，徹底展開邏輯性的研究和訓練，而且每週持續進行，藉此將企業面對的「本質問題」透明化，以提升「站在經營者的觀點做決策判斷」的能力，也就是商業人士真正應該具備的解決問題的能力以及構想力。

大前式個案研究的「三大特徵」

本書所採用的「大前式個案研究」，它的基礎是「Real Time Online Case Study ＝ RTOCS®」，具有和以往的個案研究截然不同的三大特徵。這與ＢＢＴ大學在課堂上教授的個案研究有關，不過我希望各位讀者在閱讀本書ＰＡＲＴ２的「實踐個案研究」時，也能注意到這些重點。

①投入尚未解決，正處於「現在進行式」的課題中

過去傳統的個案研究，著眼點都是放在「已有答案的過去經營案例」，依據研究者或專家（第三者）分析的論文來學習其帶來的「教訓」。而如果要有別於這種將過去的案例當「正確答案」來學習的既有個案研究，改為投入「目前正在發生，沒有正確解答的課題」中，就必須像實際進行商業行為一樣，親自蒐集必要的資訊，做一番選擇取捨，加以分析，反覆研究，以導出結論（經營者的決策判斷）。

大前式個案研究（RTOCS®）

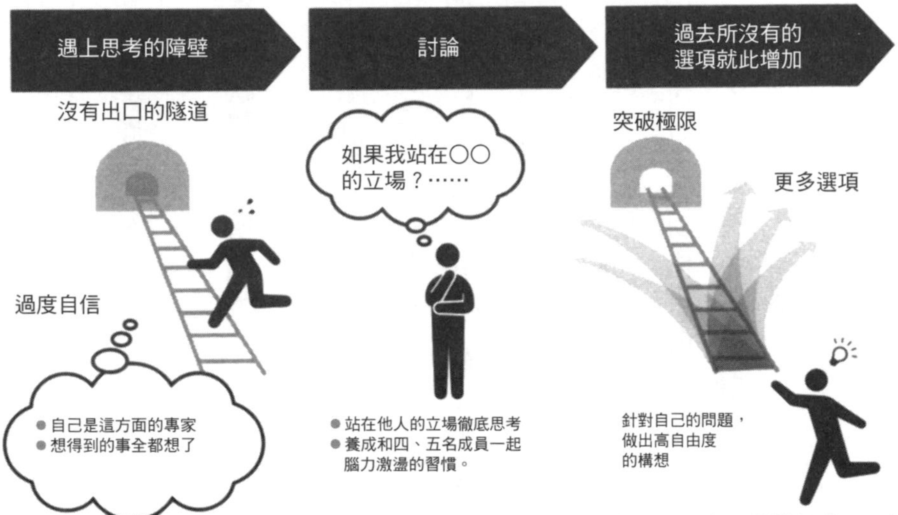
遇上思考的障壁
討論
過去所沒有的
選項就此增加
沒有出口的隧道
如果我站在○○
的立場？……
突破極限
更多選項
過度自信
●自己是這方面的專家
●想得到的事全都想了
●站在他人的立場徹底思考
●養成和四、五名成員一起
腦力激盪的習慣。
針對自己的問題，
做出高自由度
的構想

隨著思考的人數而有不同的見解，而它的解答也會進化成未知數，具有這樣的發展性，而這也是本書追求的學習目標。正因為是以「目前發生在眼前的最新主題」為對象，所以在瞬息萬變的社會環境下，能讓人懷有真切的感受，全力投入主題，學會立即在實踐中加以活用的能力。

②站在「領導人的立場」徹底展開思考

要如何具備當事人的意識，自行負起責任，全力投入解決課題，這在從事個案研究上是很重要的一環。在「大前式個案研究」中，會舉實際的領導人仍處在摸索狀態下的課題為例，所以在幾乎和他們完全相同的條件下，會擁有一種勢必得自己想出結論（身為經營者的決策判斷）的緊張感。在限定的時間內，迅速站在領導人的立場下，準確分析資訊，做出自己的一套結論。透過這種充滿緊張感的訓練一再累積，能持續鍛鍊問題解決型的思考力。

③透過討論來激發構想

在面對課題時，自己一個人想破了頭，卻還是找不出解決方案，這是常有的事。當中有個主要原因，就是因為過度自信，而造成思考障壁。「我對這個企業和業界做過充分的調查」，因此「我很了解這個企業和業界」。接著過度相信「針對這個企業的課題和解答，我已經全都想遍了」，結果思考就此停擺。

在ＢＢＴ大學實際的課程中，其目標就是透過多人展開深入的討論，來打破這樣的思考障壁，改變思考回路。藉由養成時時做腦力激盪的習慣，能得到過去自己所想不到的選項，以及高自由度的構想。

希望本書的讀者也能導引出自己的見解，可以的話，還要試著與多人一同討論。這樣一定就能產生新的構想。

就算看不到答案，還是能肯定的說出結論

我的使命是「與你們展開討論」

在大學之所以常進行無意義的個案研究，原因出在老師的資質或意識問題上。常有的情形是，在老師自己沒有確切想法的情況下，卻向學生提出個案研究，對學生所說的話只會點頭說「這想法不錯」「原來也有這樣的想法」。這樣根本與司儀無異。和麥可·桑德爾（Michael J. Sandel）教授一樣，只說一句「針對死亡來思考吧」，然後聆聽每位學生的想法，就算有人問「桑德爾教授，你對此有什麼看法？」他也不會講出核心思想。就算這樣的司儀老師說「我們以個案研究來學習吧」，學生還是什麼也學不到。

一些曾當過知名企業顧問，目前在日本的商學院任教的老師當中，竟然有人會說「由於學生每年在變，所以每年都教同樣的案例就行了。與以前當顧問時相比，少了那種緊張感，再也找不到這麼輕鬆的工作了」，令我大為驚訝。向如此怠惰的教師求教的學生，絕對無法學會真正解決問題的能力，實屬不幸。

別成為「評論家」！

我絕不會成為一名司儀。先假設自己的公司在經營上陷入困境，自己如果是公司的社長會怎麼做？在一星期的限定時間內，我會努力思考「如果是我，就會這麼做」，然後向學生公開。就算學生心想「大前說得不太對呢」，我一樣會在努力思考後，說出我的看法，並和學生討論。我認為這就是當老師的使命。

在實際的經營方面，企業高層就得要能夠「篤定斷言」。如果不能時時明確的說出結論，指示接下來該採取何種行動，便無法從事經營。要是在這之前就已停步，那充其量只是個評論家。就像天氣預報一樣，如果只是說「明天天氣晴朗，時有烏雲，時有陣雨」，傳達自己的分析，根本沒有意義。所謂的經營，就得清楚的指出是該帶傘，還是不必帶傘，做個明確的決定。

要在限定的時間裡抱持緊張感，蒐集資訊，仔細思考，做出決策判斷。真正的經營者應該時時都處在這樣的緊張狀態下。我和學生們也時常都是抱持著緊張感在挑戰個案。每週反覆進行。就像運動若不是同樣的動作反覆練習成千上百次，絕不會進步一樣，經商同樣得反覆進行這樣的訓練，養成站在經營者的立場徹底思考的習慣，才能培養出真正解決問題的能力。

「分析、研究、下結論」的技術

「大前式個案研究」（RTOCS®）在BBT大學裡的基本程序裡，可分成三步驟，一開始是「搜尋、分析」，接著是「討論、研究」，最後則是「導出自己一套的結論」。

那麼，各位在參考本書實際進行訓練時，以及在實際的商場上工作時，又該如何搜尋、分析資訊，並加以研究，導出結論（解決方案）呢？針對這個方法，我將自己的做法和想法整理成六大重點，供各位參考。

①蒐集資訊時，要讓「全貌」清楚明白

首先要談的是搜尋，亦即蒐集資訊的重點。

這裡有個大前提，那就是在大前式個案研究下，與想調查的企業或業界有關的資訊，必須得靠自己取得。如果是在原始時代，就像用弓箭或石槍打倒獵物的技術一樣，靠自己取得需要之物，自古便是人們很重視的能力。而在現代，透過包含網路在內的各

種資訊來源，蒐集自己所需資訊的這項技術，顯得尤為重要。

想要取得自己真正需要的資訊，不能只是盲目的蒐集資訊。蒐集資訊的終極目的在於顯現出「對象（例如企業）的根本問題為何？」。而為了顯現出根本問題，必須先知道對象的全貌。要從全貌不明的資訊片段中找出根本問題，是不可能的事。如果在蒐集資訊時，沒特別留意全貌，將導致資訊的「不足（遺漏）」與「重複」，而白白浪費時間在蒐集完全無關的資訊上。結果會陷入大量的缺陷資訊中，「重點到底是什麼？」就此陷入思考停擺的狀態中。

這時候應該要注意的，就是「絕不能打從一開始就預測（或假設）結論，以此蒐集資訊」。如果以先入為主的觀念蒐集情報，當然只能得到有限的資訊，必然無法找到根本的問題點。

而為了整理該企業所身處的狀況，讓企業面對的問題明確化，不光要掌握像財務資訊這類的企業本身資訊，也得掌握企業周遭相關的「全貌」。因此，除了「企業的資訊」外，還必須連同「市場（客戶）的資訊」或「競爭對手的資訊」在內，展開綜合性的資訊蒐集。

「公司本身」、「市場」、「競爭對手」這三項資訊，要不受先入為主的觀念所局限，徹底展開搜尋，讓全貌得以清楚明確的呈現，藉此突顯出企業的根本問題。換言之，重點在於「不要以重點的方式取得資訊」。如果事先鎖定重點，該企業和業界的整體構造將變得模糊不明，而導出完全偏離本質的結論。在蒐集資訊時，務必得讓全貌明確化。

②資訊的蒐集與分析要「同時」進行

如前所述，蒐集資訊的目的是要掌握企業周遭相關的全貌。因為要一面追求企業根本的問題和課題，一面蒐集資訊，所以必然會邊蒐集資訊邊「分析」。換言之，從蒐集資訊的階段應該就已開始「分析」，資訊的蒐集與分析得同時進行，而且要在同樣的時機下進行。

想要一面蒐集資訊，一面分析，可以試著用自己的方式列出從現在蒐集到的資訊中看到什麼，可以說些什麼。製作成圖表也是個不錯的方法。在進行這項工作的過程中，會明白自己現在蒐集到的資訊在整體中具有何種含意，也能看出接下來該蒐集什麼樣的資訊。

舉例來說，當我們想調查某個業界的市場全貌時，能以產品（服務）的範疇當縱軸，以國家或地區當橫軸。如果留意這樣的矩陣分析，就能一面避免資訊的「不足（遺漏）」與「重複」，一面有效率的蒐集資訊。只要能看出全貌，也就能判斷出接下來要將目標鎖定在國內市場來思考，還是要放眼全球市場展開思考。

像這樣以資訊蒐集與分析同時並行，便會明白這項資訊在整體中的重要性究竟是高是低。只要時時思考自己所蒐集的資訊在整體當中居於怎樣的位置，就不會蒐集無謂的資訊。

③以圖書館和網路充當「第一手資訊」

那麼，實際的資訊蒐集是採用何種資訊來源，又是以何種方法進行呢？

像監督業界的「政府機關的統計」、「業界團體的統計」、「負責專業報刊的出版社」、「專業書籍、論文」等，都算是資訊來源。而要連結這些第一手資訊，最有效率，且最節省成本的方法，就是上圖書館。在此可以舉一些具體的例子，例如國立國會圖書館、日本貿易振興機構的商業圖書館、東京都立圖書館、政府機關的圖書館、業界團體的專門圖書館等。在這些圖書館裡，可以取得已事先有體系的整理好的第一手資訊，所以能有效率的掌握全貌。而要取得專業性更高的資訊，得購買高額的調查公司報告或資料庫，不過有時候這些資料也能在上述的圖書館中取得。

而另一個有效蒐集資訊的手段，正是網路。政府機關或業界團體的統計，有不少都公開在網際網路上，可直接從網路連結的第一手資訊也不少。此外，網路上也滿是專家們根據第一手資訊所提出的見解和報告。此外，由於資訊頻頻更新，所以資訊的新鮮度也相當高。換言之，透過網路蒐集資訊的最大優點，就是能馬上連結即時性高的多項資訊。沒有不善加利用的道理。

不過，要善用網路，就勢必得正確理解其缺點。那就是，網路資訊大多是二手資訊。資訊殘缺不全，良莠不齊。而它最大的弱點，就是只以特定關鍵字展開重點搜尋的結果。也就是說，無法連結到自己沒想到的關鍵字相關資訊。不過，只要時時留意全貌，以此進行資訊蒐集，就能充分彌補這項缺點，享受它在速度方面的優點。

不只局限於個案研究，在平時活用網路的資訊蒐集以及學習方法上，我建議養成「星期六下午上網出差」的習慣。利用每個星期六的一整個下午，仔細調查自己想進一步了解的業界前三大公司。就當自己是在網路上到多家公司出差，展開搜尋。

BBT大學也常以網路出差當課題。例如「為了推動阿茲海默症治療藥物的研究，最適合合作的是哪一家企業？」、「如果要在自己住的市街製造當地啤酒，要做何種啤酒，如何製造？」，這些都是開給學生的課題。像這種時候，以「我不清楚啤酒的做法」當藉口是行不通的。啤酒的製造方法，可以輕鬆從網路上查詢到，馬上就能得知誰擁有當地啤酒的製造技術、要如何引進這項技術。要擬定事業計畫，只要有半天的時間便很充裕，甚至可以說，幾乎沒有用半天的時間還擬定不了的事業計畫。這就是現代的網路社會，通訊溝通的重要性大增的ICT（information and communication technology，資訊通訊技術。）社會。

我從以前就常說，現今的企業高層最需要的要素之一，就是擁有「ＩＣＴ感」，這點非常重要。要培養ＩＣＴ感，原本必須要親眼見識十個左右的世界最先進系統才可能辦到，但在讀者當中，有這個能耐的人應該是少之又少。既然這樣，只要上網調查，用心鑽研即可。

徹底調查自己感到疑問之處，磨練自己對經營的感覺，提升思考力。如果可以，就當作是自己創設了一家公司，徹底展開調查、思考，甚至試著擬定事業計畫。不過擬定事業計畫如果只求一兩次的體驗是沒有意義的，若沒達到五十次或一百次的數量，便無法培育出經營的能力。如果你想成為一名經營者，在當上社長前得事先做這樣的訓練，倘若當上經營高層後才開始學習，可就為時已晚了。為了磨練經營的感覺，同時也為了提升蒐集資訊的能力，請務必試著親身實踐「星期六下午的網路出差」。

④看新聞時，得使用「自己的世界地圖」

我每天都會從各種新聞媒體蒐集資訊，這是我的習慣。一天平均會看五百篇左右的新聞或報導，但每天早上四點起床後，我會先花三個小時左右，以ＮＨＫ-ＢＳ、ＣＮＮ、ＢＢＣ等新聞臺來確認全球新聞。而報導日本不易取得的資訊，尤其是以中國、韓國、東南亞等資訊為主流的ＮＮＡ、中央日報、新華社等，我也每天必看，無一日間斷。

對今後的企業高層而言，ＩＣＴ感和「全球感」非常重要。想學習經營的學生也一樣，只要你想養成站在經營高層的立場來思考的習性，那麼，每天蒐集國外的即時資訊是很重要的習慣。如果光靠日本的報紙、電視、新聞媒體，只能得到有限的偏頗資訊。例如像俄羅斯、烏克蘭相關的最新資訊，若不是當地媒體直接發送的新聞，便無法得知真相。在平日的資訊蒐集方面，每日不間斷的瀏覽國外媒體是不可或缺的要事。

不過，如果只是漫不經心的看這些資訊，一樣沒有意義。這只是在浪費時間。重點在於看出每一則新聞價值所在的眼光，也就是「對新聞的高感應度」。

例如看了中東情勢的新聞，就必須得憑自己的感應天線，馬上感應到「在經濟方面出現了與以往的觀點和見解有所不同的報導」。

一般人或許都會以自己的方式，事先將在意的新聞或想牢記腦中的新聞儲存下來，事後再細讀比較，但以我來說，我幾乎將所有新聞都輸入我腦中的記憶體，而且我擁有高感應度的天線，所以當遇上不同以往的新聞時，我就能馬上感應到「這是之前所沒有的珍貴資訊」。因此，即使一天看五百則新聞，腦中也絕不會混亂。

更進一步來說，新聞並不是為了記憶、牢記而看。我時時都是根據自己在腦中描繪的獨特經濟地圖、政治地圖、商業世界地圖，來觀察全球的脈動。當發現與我所認知的世界地圖形象不同的要素出現時，「這項資訊一定要事先掌握好！」我會馬上掌握住這項資訊的價值和本質。不是要牢記龐大的資訊，而是要養成習慣，當出現和自己所建立的地圖有所出入的動向時，能立即判斷出它是有價值的資訊。當我的天線攔截到令我在意的新聞時，我就會特別針對那個話題徹底展開追蹤。

上述的資訊蒐集法是我個人獨創，希望能供各位參考。如果可以，希望你也能自己建立一套屬於自己的資訊蒐集法。

⑤導出結論時，別仰賴框架

對蒐集到的資訊進行整理、分析，導出解決課題的結論時，可以參考前面提到的3C（企業〔Corporation〕、顧客〔Customer〕、競爭對手〔Competition〕）等框架，但不能只仰賴框架。套用模式來思考的框架，只有在整理前的這些階段能加以活用，我認為框架始終都只是用來挑出根本問題的輔助道具。如果沒能認清這點，很可能會無法看出企業的根本課題。

在分析資訊，從中導出結論（解決方案）的階段，需要的要素和技術因人而異。但不限於個案研究，當人們在判斷事物時，大多會以自己過去的經驗作為判斷基準。為了大量累積這樣的經驗而展開的訓練和課程，就是大前式個案研究。

隨著經驗累積，知識當然也會跟著增長。知識增長後，判斷時的選項也會跟著增多。

希望各位能以本書的個案研究，多多累積這方面的訓練經驗。

每個個案研究的著眼點，最終都是親自站在經營者的立場做決策判斷。而在實際的商場上，有很多情況非得清楚明白的將自己的意思傳達給公司的人們知道，或是對外公開。這時就一定是斬釘截鐵的說「這是我的經營判斷，我的決策判斷就是這樣！」在這種情況下，如何條理分明的根據事實來主張自己的判斷和決定，顯得尤為重要。如果利用本書的個案研究和多人討論時，也請務必要很有把握的說「這家公司現在應該這麼做才對」，提出自己的結論。這正是這項訓練課程的精髓。

對於資訊的蒐集和分析所浮現的種種課題或問題，有什麼樣的方法可以導出結論？這當中並沒有固定的方法論，必須分別按照自己獨特的構想和思考來做出結論。答案並非只有一個，當中應該有多種選項才對。

舉例來說，可以試著想想，其他業界企業的案例或許能作為參考。雖然面對相似的問題，但順利解決的企業案例或許就存在於其他業界。假設試著調查別的業界後，發現當中只有一家公司的獲利率出奇的高，這樣的話，如果仿效其做法好嗎？哪裡有最佳實踐範例？思考這些問題，然後做出結論。以經營者的身分做決策判斷。也可以用你個人獨特的構想，擬定從來沒人想過，具有劃時代意義的事業計畫。

⑥企業和業界所面臨的「根本問題」為何

最後，針對用來解決課題的思考法和構思法，我想舉富士通、東芝，以及脫離索尼獨立的VAIO，這三家公司的電腦事業合併問題為例，加以說明。

據報導，這三家公司分別留下「FMV」、「dynabook」、「VAIO」等公司品牌名稱，以事業合併為目標。之後，在我撰寫本書的二〇一六年四月時，據說合併一事即將回歸白紙，不過，作為經營判斷的練習問題，這樣的情況最適合不過了，我在BBT大學上課時，也曾以此作為課題。這項課題名為「當富士通、東芝、VAIO合併時，如何提高VAIO的市占率，請站在VAIO的立場思考」。

在這個課題下，最重要的是先試著在這場大變動中掌握國內電腦市場的整體狀況。只要看過現在國內何種電腦較為暢銷，便可以看出，以企業為對象提高銷量的有聯想、HP、戴爾、華碩等，在這個企業市場下，對設計性之類的附加價值幾乎沒有任何需求。

因此，對之前一直是以設計性當附加價值與人競爭的VAIO來說，在這種企業市場下可說是毫無勝算。儘管如此，這三家公司仍在想不出因應之道的情況下，針對事業合併展開檢討，他們或許想說：「總之，我們先將這三個品牌湊在一塊，這樣就能超越NEC，在國內占有30%的市占率！」三者加起來共有三十，這看起來像是連小學生都會的加法算術。這單純只是將樂高積木往上疊，以此擴展事業，至於疊高的樂高積木中是否有生命存在呢？完全沒有。所謂的產品，唯有裡頭存有靈魂，才有其價值，但它完全沒有靈魂，只有數字的堆疊。

如此愚蠢的決策判斷，是不是打從一開始就是個錯誤呢？事業合併有其正當性嗎？「如何提高ＶＡＩＯ的市占率」，以這樣的構想來提問是否正確？在大前式個案研究中，以這幾個問題展開思考。像這樣以最根本、最本質的部分來思考，非常重要，若從這樣的構想展開，答案便會慢慢自行浮現。

以這種構想展開思考的結果，如果是我，會導出以下的結論。

結論是「ＶＡＩＯ要請蘋果將它買下」。

因為以個人為對象，並以設計性當附加價值，採高價銷售的，就只有蘋果和ＶＡＩＯ了。如果要運用ＶＡＩＯ這個品牌的價值，就只有拜託蘋果收購一途了。蘋果也能將它加入MacOS，以Windows視窗下的ＶＡＩＯ來擴充其ＰＣ部門。就算採取這項做法，這價格對蘋果來說也不算是什麼難事。也許透過一起開發產品，ＶＡＩＯ的優秀工程師們能成為蘋果非常具有價值的經營資產。如果是我，就會向蘋果做這樣的提案，並加以說服。蘋果接受這項提案的可能很低，但就算機率只有５％，我還是會試著提案。只要可能性不是零，就會加以挑戰。所謂的經營和事業，就是這麼回事。

如果我是這家公司的社長……因為是以這樣的立場投入其中，所以大可展現出「如果我是社長，我就會這麼做！」的態度。就算周遭的人說「你的判斷會不會有誤啊？」也沒關係。總之，要有自己是當事人的意識，以自己的方式思考，提出自己的結論，這點很重要。只要能放膽去想，應該慢慢就會看見大家都沒想到的大膽點子，以及大膽的對策。

學習大前的「思考程序」

下決策判斷的速度也會隨之提升

前面提到的大前式個案研究的程序，如果能一再反覆練習，就能成為習慣，懂得思考如果自己站在經營者的立場該如何處理這樣的課題，並能肯定的說出自己的結論以及決策判斷。

每週以一個個案進行這樣的訓練，持續一整年，便會累積約五十個個案，持續兩年的話，就有一百個個案。這不是棒球的一百次打擊練習，而是「一百個個案研究」，只要持續進行，腦筋轉動的速度也會有驚人的成長，搜尋的工作和蒐集到的資訊，在整理分析時，速度應該也會大幅提升。

當然，導出答案的速度和做出經營判斷的速度也會跟著提升。「在這種情況下該這樣思考」、「這種問題只要以這種方式解決即可」，就像這樣，短時間內便可明白一切。如此訓練的結果，日後當你自行創業，或是成為企業高層時，便能發揮出意想不到的力量，連自己都大吃一驚。

當然了，需要這項能力的，並非只局限於從事經營工作的企業高層。這是所有人在工作或生活場合中都能派上用場的能力，任何人學會之後，絕對有益無害的技能。

看到這裡，你應該已經理解我這本《大前研一「新．商業模式」的思考》的概念，並做好正式上課的心理準備了。

希望各位讀者也能以書中所列舉的個案研究來做訓練，養成站在經營者的立場來思考的習慣。

本書開始販售時，書中所提到的企業或許又會有新的資訊出現，而這些資訊的含意、意圖、價值，可能會有所改變。若能附上這些最新的資訊，試著加以分析，也許會出現不同的答案，有時也可能會出現其他課題。針對這些問題，各位務必要思考「為什麼現在業績提升了？」「經營者請辭後會怎樣？」試著一面找尋自己的答案，一面繼續閱讀此書，如此一來，在學習方面將會更有發展。

我希望各位能試著挑戰「如果是我，就會導出這樣的解決方案」、「如果是我，就會在大前這時候的想法中，另外加上這個構想，做出這樣的結論」。

如前所述，所謂即時的個案學習，就是現在進行式，是說不完的故事。各位千萬不要以為「原來這裡所寫的就是答案啊」，而抱持這樣的想法來學習，如果只是對我說的話囫圇吞棗，那根本沒半點助益。

「大前是經由這樣的思考過程而導出這個結論。既然這樣，我也加上我現在得到的其他資訊，導出我自己的一套結論吧」，希望各位也有這樣的構想。如果可以，建議將周遭的人也拉進來一起討論，試著做出不同的結論。

若能像這樣導出你自己一套答案，抱持改寫本書內容的心情，來閱讀本書的「十二個個案研究」，我也會替你感到高興。

PART 2

實踐個案研究

如果你是經營者？

CASE 1

可口可樂公司

創造全新的「商業模式」

如果你是**可口可樂公司**的CEO，在健康取向高漲，人們逐漸遠離碳酸飲料的情勢下，你會採取何種策略來因應？

DATA

正式名稱	可口可樂公司
日本法人名稱	日本可口可樂股份有限公司
設立	一八九二年（正式）
代表人	會長兼 CEO Muhtar Kent
總公司所在地	美國喬治亞州亞特蘭大
行業	食品
事業內容	無酒精飲料的原液及糖漿之製造、流通、販售
官方網站	http://www.coca-colacompany.com/

※2015年3月現在

加速中的遠離碳酸飲料風潮，大幅成長的礦泉水

健康取向、蘇打稅……美國的碳酸飲料吹起了強勁的逆風

近來美國的健康取向高漲，「遠離碳酸飲料」的風潮尤為明顯。遠離碳酸飲料的風潮到何種程度呢？根據二〇一五年三月五日的朝日新聞有一篇報導指出，在美國以「可口可樂」為首的碳酸飲料銷售量，連續九年持續減少中。面對日益嚴重的肥胖問題，二〇一五年一月，美國加利福尼亞州的柏克萊市引進一項新的對策，針對以碳酸飲料為首的各種含糖的非酒精飲料課以「蘇打稅」，就此推廣開來，而各家飲料公司都陷入非得擺脫碳酸飲料問題不可的窘境中。

有一項數據資料可以印證美國遠離碳酸飲料的風潮。圖01是美國的非酒精飲料市場走向，首先可以清楚看出礦泉水的銷售大幅提升。「開特力（Gatorade）」等運動飲料也有微幅成長。而另一方面，果汁飲料的銷售有緩緩減少的傾向，至於碳酸飲料則是看得出大幅減少許多。

在先進國家市場，碳酸飲料或果汁飲料的銷路低迷

礦泉水大幅躍進的情況，並非只發生在美國。圖02顯示出先進國家或地區的非酒精飲料市場走向，在北美市場，碳酸飲料和果汁飲料這類的甜味飲料正陷入苦戰，而另一方面，礦泉水則是大幅激增，幾乎已和碳酸飲料達到相同水準。

而在西歐市場，在碳酸、果汁飲料一片低迷的情況下，礦泉水卻展出壓倒性的強勢。雖然也有加入碳酸的礦泉水，但不含碳酸的礦泉水才是主流。

那麼，日本市場又是怎樣的情況呢？礦泉水的銷路確實也所成長，但與其他先進國家市場相比，有個明確的差異，那就是茶類飲料的消費量最大，而瓶裝咖啡也具有相當大的市占率。在圖02中，基於方便考量，將它全歸納為「其他」，不過，茶類及咖啡飲料占有很大的市占率，此乃日本市場的特徵。

礦泉水的大幅成長，在新興國家的市場一樣前景看好

在新興國家、地區，情況又是如何呢？看過圖03後會明白，這裡同樣也是礦泉水銷路激增的情況。在亞洲、太平洋地區，礦泉水的銷量正以驚人的速度增加中。而在中南美市場，則是以碳酸飲料為最大宗，銷量持續增加，但礦泉水的成長速度更在碳酸飲料

圖01｜在美國非酒精飲料市場中，碳酸、果汁飲料銷路減少，礦泉水則是大幅成長

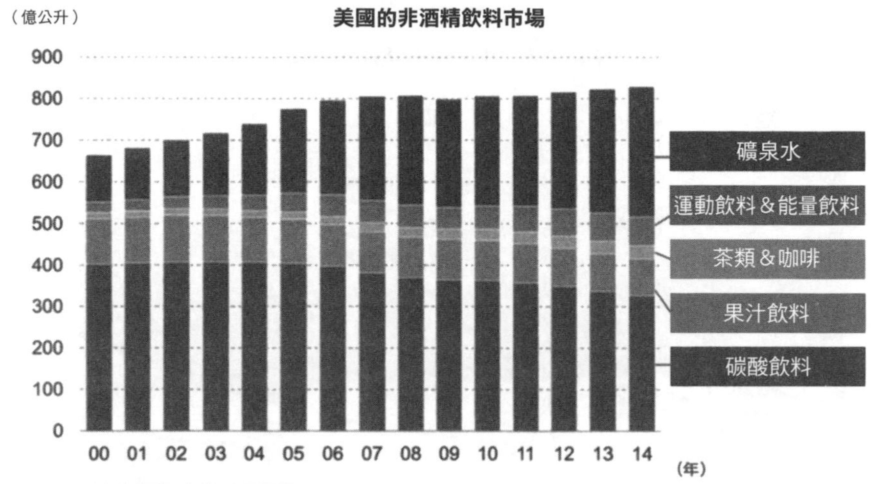

※ 包含茶類、咖啡，以及其他
資料：取自 Euromonitor International，BBT 大學綜合研究所製作

圖02｜在先進國家中，遠離碳酸、果汁飲料，轉向礦泉水的情況持續進行中（日本以茶類飲料為主力）

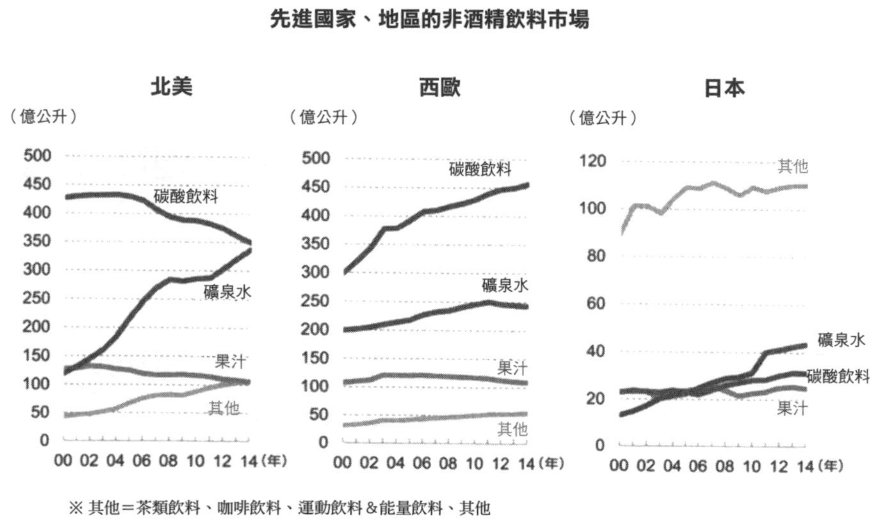

※ 其他＝茶類飲料、咖啡飲料、運動飲料＆能量飲料、其他
資料：取自 Euromonitor International，BBT 大學綜合研究所製作

圖03｜在新興國家、地區，碳酸飲料和果汁雖有成長，但成長幅度都遠不及礦泉水

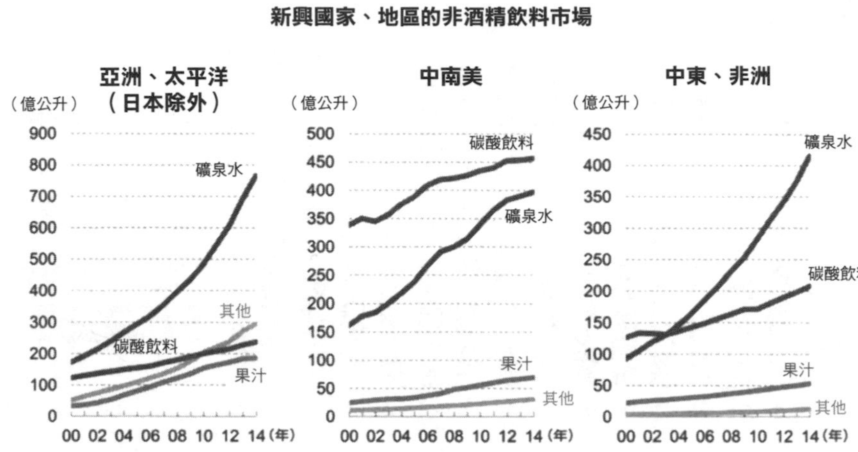

※ 其他＝茶類飲料、咖啡飲料、運動飲料&能量飲料、其他
資料：取自 Euromonitor International，BBT 大學綜合研究所製作

圖04｜以結果來看，全球的碳酸飲料、果汁銷量微幅增加，礦泉水則是大幅激增

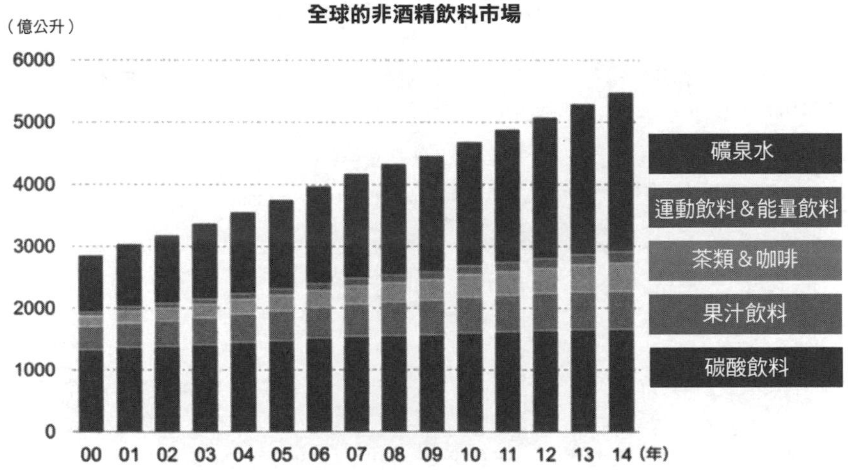

※ 包含茶類、咖啡，以及其他
資料：取自 Euromonitor International，BBT 大學綜合研究所製作

之上。在中東、非洲市場，礦泉水同樣大幅成長。若另外再看圖04的全球非酒精飲料市場走向，我們可以很肯定的說，全球的礦泉水銷量成長快速。雖然碳酸飲料和果汁飲料也有成長，但只算是微幅增加。

可口可樂連續兩期收益減少

非酒精飲料界的霸主

全球的非酒精飲料市場在隨著時代需求而產巨大變化的情況下，可口可樂公司（以下簡稱可口可樂）一樣是全球首屈一指的非酒精飲料製造商。

二〇一四年在非酒精飲料製造商的出貨量方面，可口可樂以一一三八公升的產量處於一枝獨秀的狀態。比排名第二名的百事公司多出一倍以上（取自Euromonitor International）。

然而，若是看圖05的可口可樂業績走向會發現，他們從二〇一三年開始連續兩期收益減少。雖然營業額多達四百億美元以上，也就是四兆日圓以上，營業利潤也有一兆日

圖05｜可口可樂近兩期連續收益減少

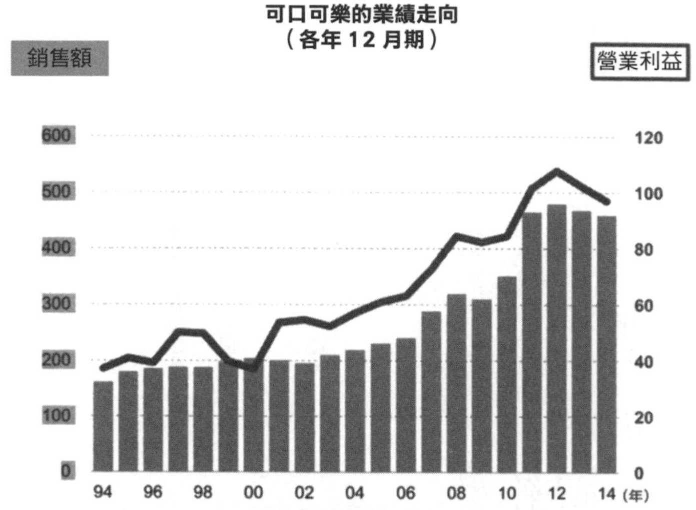
可口可樂的業績走向
（各年12月期）
銷售額
營業利益
600
500
400
300
200
100
0
120
100
80
60
40
20
0
94
96
98
00
02
04
06
08
10
12
14（年）

資料：取自 Coca-Cola Annual Report，BBT 大學綜合研究所製作

圖06｜為因應不同需求並提升對應能力，2010年收購北美的系列裝瓶公司

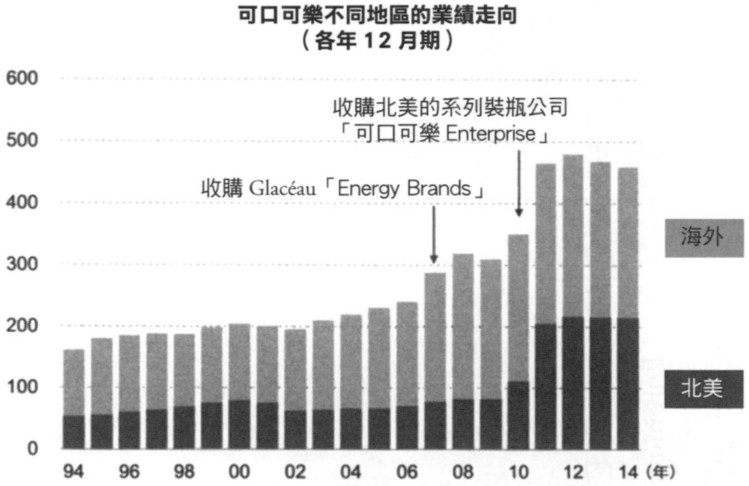
可口可樂不同地區的業績走向
（各年12月期）
600
500
400
300
200
100
0
收購北美的系列裝瓶公司
「可口可樂 Enterprise」
收購 Glacéau「Energy Brands」
海外
北美
94
96
98
00
02
04
06
08
10
12
14（年）

資料：取自 Coca-Cola Annual Report，BBT 大學綜合研究所製作

圓以上，顯得頗有餘裕，但成長卻已開始走下坡。

倘若採不同地區來細看營業額（圖06），可以得知有一半以上是來自海外市場。此外，二〇一〇年它將北美的系列裝瓶公司「可口可樂Enterprise」併入旗下的子公司中，表面上的營業額大幅成長。

悖離市場需求的可口可樂產品組合

具有壓倒性實力的可口可樂，為什麼會在這時候走下坡呢？在此我們以圖07來看可口可樂的產品組合吧。

他們的產品有71％是碳酸飲料。可以看作是碳酸飲料比重偏重，礦泉水比重偏輕。可口可樂的產品組合與各地區非酒精飲料的需要構成完全悖離，一看便知。這樣的狀況，可不能用一句「身為世界的霸主，根本不屑一聞」便含混帶過。

此外，就算是看圖08的可口可樂在不同地區的產品組合，也能看出除了日本可口可樂外，每個地區的主力都放在碳酸飲料上。

其原因之一，是可口可樂有個「原液生意」的商業模式。所謂的原液生意，是將他們所製造的可樂原液賣給各地的裝瓶公司，藉此獲取利益的商業模式。各裝瓶公司都是朝原液加入碳酸水後，當作可口可樂在市面上流通販售。

可口可樂向各個地區提供原液，以此作為賺取利益的機制，所以他們會執著於「販售可樂」，也是顯而易見的道理。

重新建構商業模式，是當務之急的課題

基於上述的情況，我們可以看出如圖09所示的可口可樂現狀與課題。先進國家市場完全朝遠離碳酸飲料、遠離甜味的方向邁進，急速往礦泉水的方向變動。而在新興國家市場，礦泉水的成長趨勢，遠在碳酸飲料、甜味飲料之上。換言之，可口可樂的產品組合與市場需求悖離的情形，今後將會愈來愈嚴重。

因此我可以斷言，可口可樂為了配合市場，創造出最適合的產品組合，就必須重新省視「碳酸飲料=原液生意」，重新建構其商業模式。

圖07｜可口可樂的產品組合，有七成是碳酸飲料，與全球的需求結構嚴重悖離

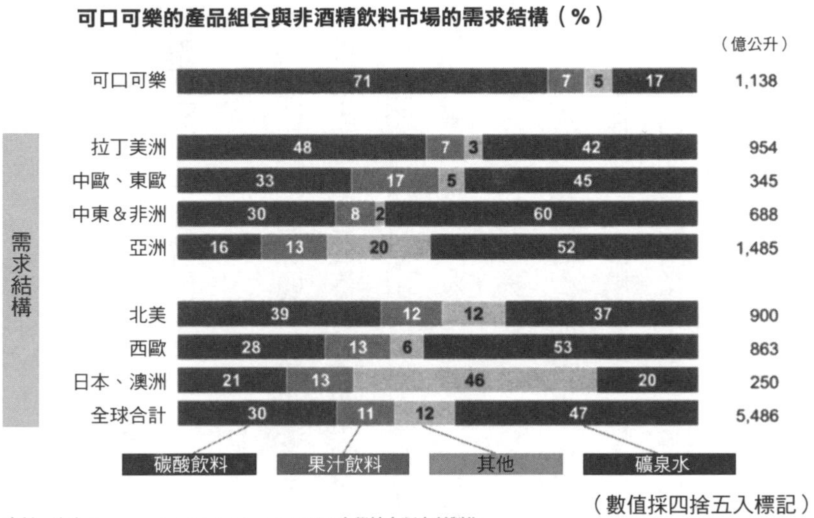

可口可樂的產品組合與非酒精飲料市場的需求結構（%）
（億公升）
可口可樂
71
7
5
17
1,138
需求結構
拉丁美洲
48
7
3
42
954
中歐、東歐
33
17
5
45
345
中東＆非洲
30
8
2
60
688
亞洲
16
13
20
52
1,485
北美
39
12
12
37
900
西歐
28
13
6
53
863
日本、澳洲
21
13
46
20
250
全球合計
30
11
12
47
5,486
碳酸飲料
果汁飲料
其他
礦泉水
（數值採四捨五入標記）

資料：取自 Euromonitor International，BBT 大學綜合研究所製作

圖08｜只有日本可口可樂擁有符合市場需求的產品組合

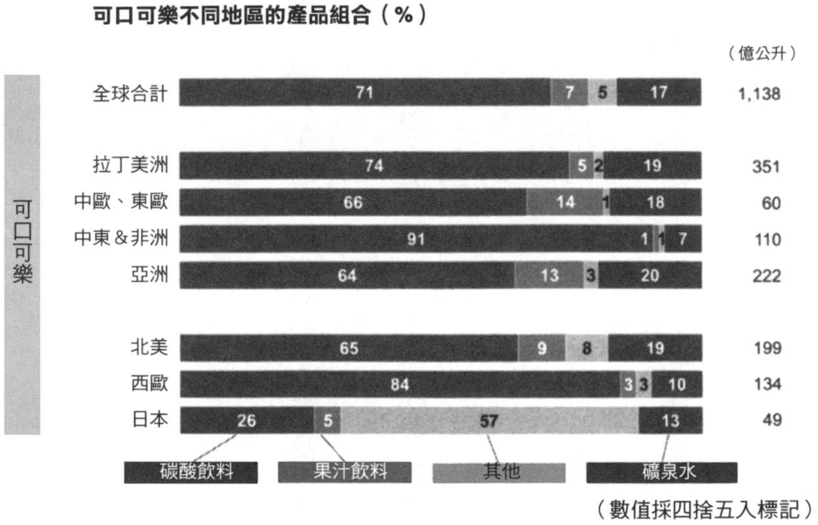

可口可樂不同地區的產品組合（%）
（億公升）
可口可樂
全球合計
71
7
5
17
1,138
拉丁美洲
74
5
2
19
351
中歐、東歐
66
14
1
18
60
中東＆非洲
91
1
1
7
110
亞洲
64
13
3
20
222
北美
65
9
8
19
199
西歐
84
3
3
10
134
日本
26
5
57
13
49
碳酸飲料
果汁飲料
其他
礦泉水
（數值採四捨五入標記）

資料：取自 Euromonitor International，BBT 大學綜合研究所製作

堅持獨特產品組合的日本可口可樂

不向「可樂多賣一瓶也好」的方針屈服，因而誕生的人氣商品

為了征服這個課題，我希望各位能想想日本可口可樂。在剛才的圖08中，唯有日本可口可樂擁有自己獨特的產品組合。

在整體可口可樂中占有71%比重的碳酸飲料，在日本卻只有26%。果汁飲料也僅有5%，礦泉水為13%。此外，「爽健美茶」、「水瓶座（AQUARIUS）」、罐裝咖啡「Georgia」也占有57%。

可口可樂整體的產品組合與市場需求悖離的情形愈來愈嚴重，而相對於此，日本可口可樂卻懂得因應市場需求。

其他商品當初似乎不被亞特蘭大的可口可樂總公司接受，還被訓斥道「想辦法多賣一瓶可樂也好」。而日本可口可樂看準了商場競爭，提出「用來對抗UCC的Georgia」、「與大塚的寶礦力對抗的水瓶座」、「與伊藤園對抗的爽健美茶」等商品策略，但可口可樂總公司終究還是無法認同罐裝咖啡。聽說他們使出苦肉計，以可

圖09｜以商業模式的重新建構（遠離碳酸飲料＝遠離原液生意）、追求最適合的產品組合作為課題

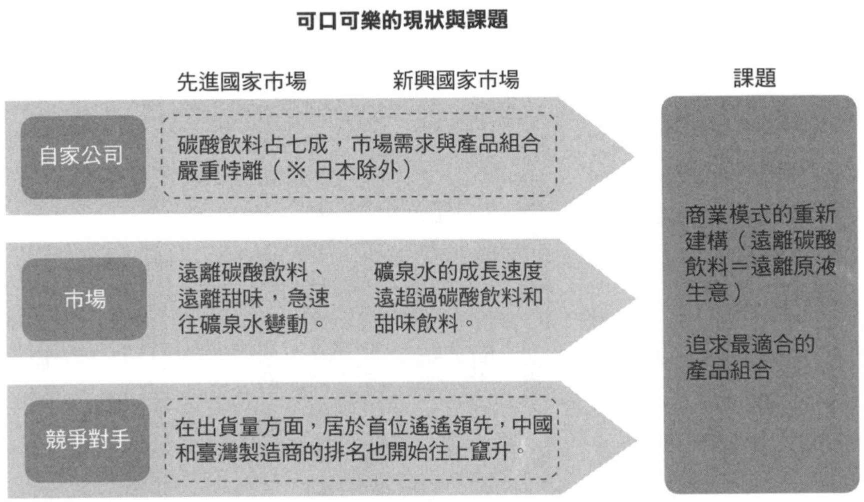

資料：BBT 大學綜合研究所製作

圖10｜成長期偏好「碳酸飲料、甜味飲料」，到了成熟期則有「遠離碳酸飲料、遠離甜味飲料」的趨勢。

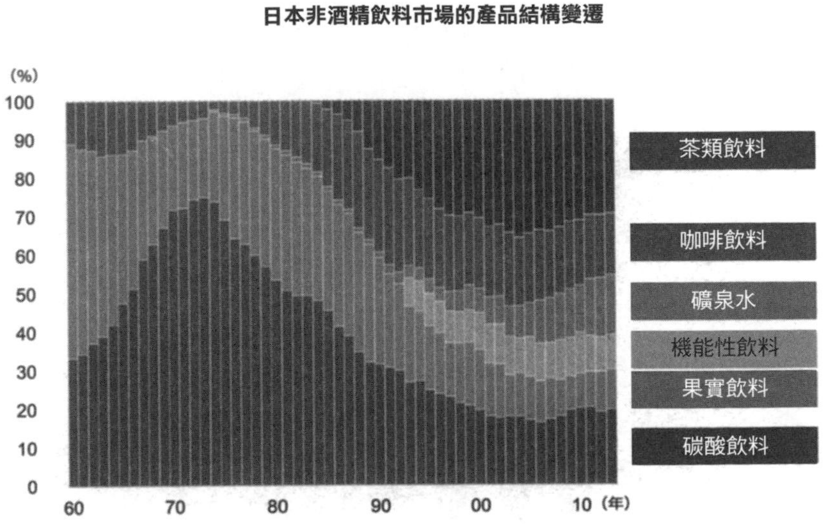

資料：取自全國非酒精飲料工業會統計，由 BBT 大學綜合研究所製作

口可樂總公司所在地的喬治亞州亞特蘭大為咖啡的品牌命名，這才讓總公司接受。附帶一提，在喬治亞州並未栽培咖啡豆。

從日本可口可樂的技術中學習不同地區的戰略

可口可樂的產品組合要做最適合的調整，就應該向日本可口可樂學習。

圖10是日本的非酒精飲料市場的產品構成變遷。在經濟成長期，碳酸飲料和果汁飲料這類的甜味飲料有大幅成長。隨著逐漸往成熟期轉移，可以看出茶類飲料和礦泉水這類「無糖飲料」的比例開始增加。咖啡飲料中的黑咖啡（無糖）也愈來愈多。

換句話說，正處於經濟成長階段，預料今後對碳酸飲料的需求仍有成長空間的新興國家市場，暫時還能採取以碳酸飲料、甜味飲料為主的既有模範行銷方式。但對於先進國家市場，則要因應遠離碳酸飲料、遠離甜味飲料的急遽變化，對身為成功模式的日本可口可樂技術展開研究。向日本取經的經營團隊，若能將它引進美國或西歐市場，也算是個好辦法。

要克服不擅長礦泉水銷售的可口可樂

收購在美國具有高知名度的製造商

打破「不擅長賣水的可口可樂」的形象，加強礦泉水的銷售，此乃當務之急。對此，我希望他們能考慮採取收購的對策。

全球礦泉水出貨量（二〇一四年），以擁有「依雲（Evian）」、「富維克（Volvic）」的達能（Danone）（總公司設於法國的食品製造商，以總公司100％出資的子公司Danone Japan在日本發展）占最大宗，產量二六〇億公升，而擁有「Vittel」、「Perrier」的雀巢，產量一八九億公升，也名列前茅。可口可樂也擁有在美國創立，銷售全球數十國的礦泉水品牌「Dasani」，但出貨量以些微之差敗給雀巢，位居第三。排名第四的是擁有「AQUAFINA」的百事可樂，此外，中國、臺灣的製造商也占有一席之地。

美國的礦泉水出貨量（圖11）以雀巢占絕對多數，可口可樂排名第二，百事可樂居第三，緊追在後的則是設立於二〇〇三年，對家庭和辦公室進行礦泉水、咖啡宅配運送的DS Services（總公司在喬治亞州亞特蘭大）、擁有「Crystal Geyser」的大塚控股（大

圖11｜在美國礦泉水市場，DS Services或大塚HD都是有力的合作、收購對象

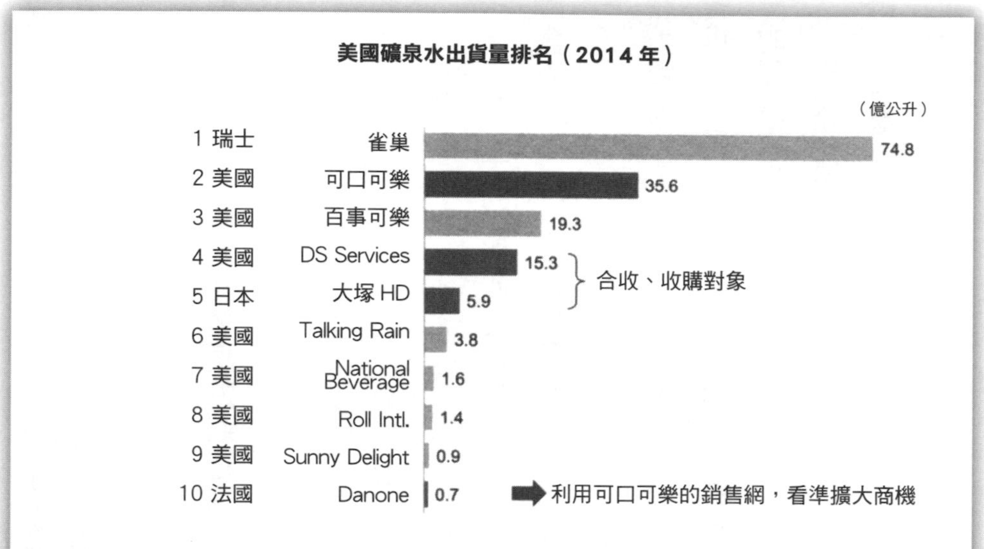
美國礦泉水出貨量排名（2014年）
（億公升）
1 瑞士 雀巢 74.8
2 美國 可口可樂 35.6
3 美國 百事可樂 19.3
4 美國 DS Services 15.3
5 日本 大塚 HD 5.9
合收、收購對象
6 美國 Talking Rain 3.8
7 美國 National Beverage 1.6
8 美國 Roll Intl. 1.4
9 美國 Sunny Delight 0.9
10 法國 Danone 0.7
利用可口可樂的銷售網，看準擴大商機

資料：取自 Euromonitor International，BBT 大學綜合研究所製作

塚HD）。大塚控股是一家旗下擁有大塚製藥、大塚食品，在日本廣為大家所熟悉的大塚集團控股公司，它收購美國的 Crystal Geyser 礦泉水公司，納入旗下的子公司。作為收購或是合作的對象，這些在美國擁有品牌知名度的公司都是不錯的對象。

值得注意的是排名第十的 Danone。Danone 為了全力投入他的主力乳製品事業，二〇一一年曾和三多利等日系製造商詢問轉賣其礦泉水事業一事。據當時的報導，後來因轉賣金談不攏而交涉失敗，不過 Danone 考慮要轉賣目前世上最具商機的礦泉水事業，這是不爭的事實。

換句話說，目前在強化礦泉水事業上面臨吃緊問題的可口可樂，可將 Danone 的礦泉水事業視為很重要的收購對象之一。

搭上健康取向的順風車，展開茶類飲料的生意

積極強化無糖、低卡路里的茶飲，打進美國市場

另一方面，關於全球的茶類飲料市場，之前一直是以東亞為主（圖12），不過，在健康取向高漲的美國，如果強調「有益健康」、「能攝取維他命C」，採取策略性的推廣，很有可能會在美國市場成為主力商品。

若是看〈圖13／世界的茶類飲料出貨量排名〉會發現，臺灣、中國的製造商名列前茅，第四名是擁有「立頓」的聯合利華（Unilever），不過中國或歐美的茶類飲料幾乎都加糖。對此，日本的製造商則是以無糖的茶類飲料為主力。換句話說，可以考慮收購伊藤園等有實力的製造商，並以可口可樂的銷售網打進先進國家市場。也能藉此將無糖的茶類飲料引進美國。

圖12｜茶類飲料的販售，以亞洲市場為主，並未打進歐美

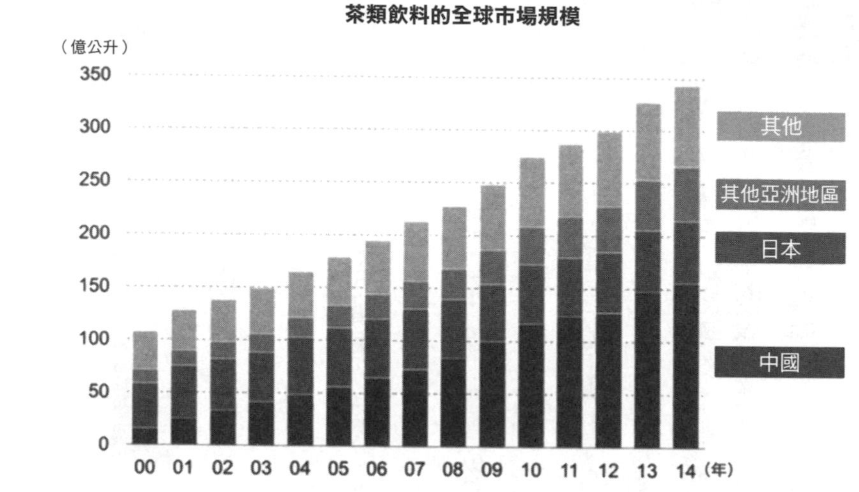
茶類飲料的全球市場規模
（億公升）
350
300
250
200
150
100
50
0
00 01 02 03 04 05 06 07 08 09 10 11 12 13 14（年）
其他
其他亞洲地區
日本
中國

資料：取自 Euromonitor International，BBT 大學綜合研究所製作

圖13｜收購伊藤園等有實力的製造商，企圖以可口可樂的銷售網打進歐美國家

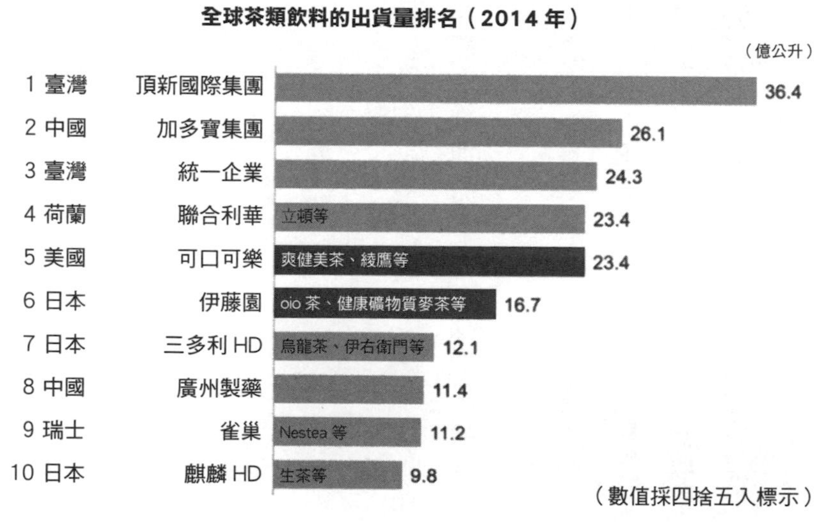
全球茶類飲料的出貨量排名（2014 年）
（億公升）
1 臺灣 頂新國際集團 36.4
2 中國 加多寶集團 26.1
3 臺灣 統一企業 24.3
4 荷蘭 聯合利華 立頓等 23.4
5 美國 可口可樂 爽健美茶、綾鷹等 23.4
6 日本 伊藤園 oio 茶、健康礦物質麥茶等 16.7
7 日本 三多利 HD 烏龍茶、伊右衛門等 12.1
8 中國 廣州製藥 11.4
9 瑞士 雀巢 Nestea 等 11.2
10 日本 麒麟 HD 生茶等 9.8
（數值採四捨五入標示）

資料：取自 Euromonitor International，BBT 大學綜合研究所製作

大膽跨足「過去不想做」的領域

如果採取這樣的思考，作為重新建構商業模式的一環，多得是考慮收購或合作的對象。可口可樂的市價總額為二二・六兆日圓，光手頭的流動資金也有二・六兆日圓（圖14），財力雄厚。所謂的手頭流動資金，是現金和存款之類短期保有的有價證券總額，在流動資產中是最容易換成現金的資產，也是評價一個企業在緊急時刻的支付能力或資金周轉能力的指標。

Danone的礦泉水事業轉賣價，預估為五十～七十億美元＝六千～八千五百億日圓，伊藤園則為兩千億日圓，所以可以輕鬆買下。不是辦不到，只是之前不想這麼做。

「日本可口可樂的技術研究」、「礦泉水的強化」、「茶類飲料的強化」。要投入以上這三個主題中，重新建構商業模式。這就是我對「如果你是可口可樂公司的CEO，在健康取向高漲，人們逐漸遠離碳酸飲料的情勢下，你會採取何種策略來因應？」所下的結論。各位認為呢？

圖14｜憑可口可樂的財力，有可能收購Danone的礦泉水事業或伊藤園

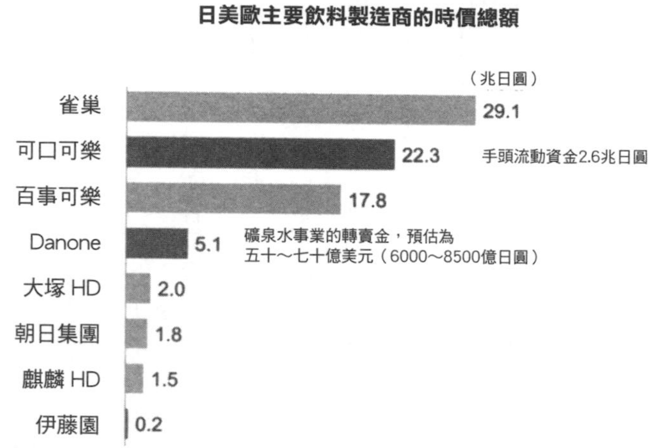
日美歐主要飲料製造商的時價總額
（兆日圓）
雀巢
29.1
可口可樂
22.3
手頭流動資金2.6兆日圓
百事可樂
17.8
Danone
5.1
礦泉水事業的轉賣金，預估為
五十～七十億美元（6000～8500億日圓）
大塚 HD
2.0
朝日集團
1.8
麒麟 HD
1.5
伊藤園
0.2

※包含茶類、咖啡，以及其他
資料：取自 Euromonitor International，BBT 大學綜合研究所製作

圖15｜礦泉水和茶類飲料的強化、將日本可口可樂的研究成果引進美國市場

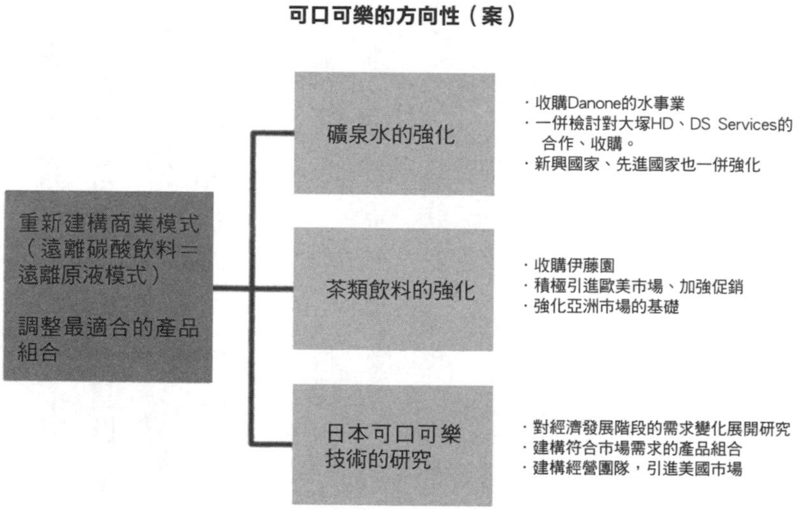
可口可樂的方向性（案）
重新建構商業模式（遠離碳酸飲料＝遠離原液模式）
調整最適合的產品組合
礦泉水的強化
・收購Danone的水事業
・一併檢討對大塚HD、DS Services的合作、收購。
・新興國家、先進國家也一併強化
茶類飲料的強化
・收購伊藤園
・積極引進歐美市場、加強促銷
・強化亞洲市場的基礎
日本可口可樂技術的研究
・對經濟發展階段的需求變化展開研究
・建構符合市場需求的產品組合
・建構經營團隊，引進美國市場

資料：BBT 大學綜合研究所製作

歸 納

- 對新興國家市場採取的策略，是沿用以碳酸飲料為主的既有模式，至於先進國家市場，則要謀求「調整最適合的產品組合」。
- 關於「調整最適合的產品組合」，要研究日本可口可樂的成功模式，謀求對先進國家市場的橫向發展。
- 透過併購來強化礦泉水及茶類飲料，以因應「往無糖、低卡路里的方向變動」。收購對象為Danone、伊藤園等，檢討其可行性。

大前的總結

別執著於過去的成功商業模式，要帶著痛苦，創造全新的模式

就像美國奇異公司整頓其家電部門，跨足金融等新事業一樣，要時時觀察市場環境的變化，別緊抓著過去的成功經驗不放，要徹底思考接下來的十年間，我們能提供什麼。

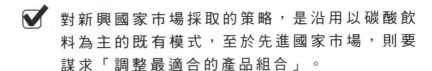

CASE 2

Lawson

關鍵時刻下的「成長策略」呈現方式

如果你是 Lawson 股份有限公司的社長，
面對其他競爭公司的經營合併，
你會採取何種成長策略？

DATA

正式名稱	Lawson 股份有限公司
設立	一九七五年四月
代表人	董事長 玉塚 元一
總公司所在地	東京都品川區
行業	零售業
事業內容	便利商店「Lawson」的加盟連鎖推展
資本額	五八五億六六四萬四〇〇〇日圓（二〇一五年二月期）
所有店面營業額	一兆九六一九億日圓（二〇一五年二月期）
總店家數	一二二七六家店（二〇一五年二月期，只有國內，包含區域專利加盟連鎖店在內）
開店區域	國內四十七都道府縣、中國（上海市、重慶市、大連市、北京市）、印尼、夏威夷、泰國
官方網站	http://www.coca-colacompany.com/

※2015 年 4 月現在

因全家便利商店與ＯＫ便利商店的經營合併，業界排序就此變動

原本死守第二的Lawson，往後降為第三

二〇一五年三月，全家便利商店與旗下擁有ＯＫ便利商店的ＵＮＹ，對外宣布決定開始朝經營合併的方向協議。一經宣布後，馬上以二〇一六年九月合併為目標。而因為這次的合併而陷入困境的，非 Lawson 莫屬。

請看〔圖01／國內超商市占率〕。

市占率最大的是 7-11，接著是 Lawson、全家，然後是ＯＫ。排名第三的全家與排名第四的ＯＫ若是合併，現在位居第二的 Lawson，預料將會以大幅差距降為第三。

但這次投入合併工作中的ＵＮＹ，旗下不光只有像ＯＫ這樣的便利商店，還有像超市「Apita」這類的ＧＭＳ（General Merchandise Sore＝綜合零售業）。試著看〔圖02／不同經營形態的主要零售業者之營業利益率〕後會發現，ＧＭＳ因利益率不佳，幾

圖01｜經由合併，便利商店業界呈現三足鼎立的狀態

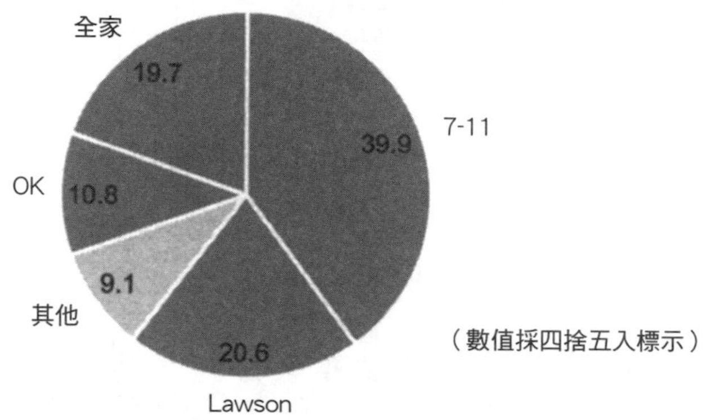
國內便利商店的市占率
（二〇一四年二月底、%、100%＝9兆4,650億日圓）
全家
19.7
7-11
39.9
OK
10.8
9.1
其他
20.6
Lawson
（數值採四捨五入標示）

※ 市場規模是透過日本加盟連鎖協會統計、各家公司的所有連鎖店營業額，由 BBT 大學綜合研究所計算而成
資料：取自日本加盟連鎖協會、各公司的結算資料，由 BBT 大學綜合研究所製作

乎都沒賺錢。而另一方面，就像這遙遙領先的圖表所示，便利商店的利益率非常高。

因此，在全家便利商店與UNY的合併方面，UNY旗下擁有OK便利商店是一項威脅，但它與綜合零售業的經營形態合併會導致收益惡化，所以若是換個看法，也可說Lawson能將自己在便利商店的專業當作自己的強項。

不管在哪方面都是「7-11獨霸」的超商業界

以超群的利益率自豪的7-11

前面提到便利商站的利益率頗高，不過，當中7&I控股的便利超商，也就7-11的利益率，更是冠絕群倫（圖03）。

不論是店面數還是營業額，7-11都是排名第一。如果全家便利商店與OK便利商店合併成功，店面數將會超過7-11，但在營業額方面還是無法勝過。而長期以來一直都位居第二的Lawson，預料店面數和營業額都會降至第三。

就連一個小小的飯糰也不會讓人失望的商品力，造就平均每日銷售額的差距

7-11擁有壓倒性強勢的主要原因究竟是什麼呢？

看圖04可以明白，不論是平均來客數、顧客平均消費額、平均每日銷售額，都是7-11一枝獨秀。其中平均每日銷售額更是大幅領先競爭對手。對其他公司來說，這可

圖02｜便利商店的專業是強項，與綜合零售業的經營形態合併，會導致收益惡化（不應該以綜合流通集團化為目標）

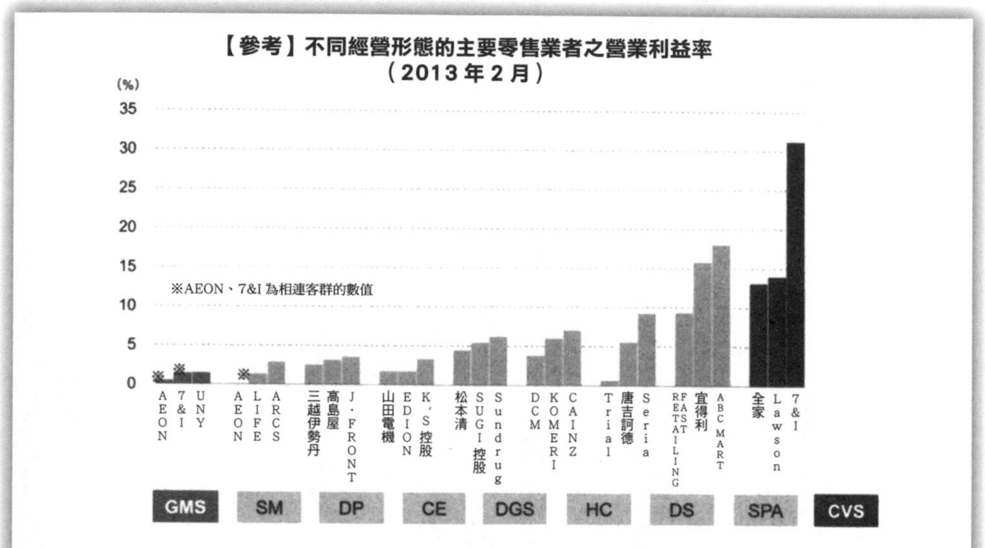
【參考】不同經營形態的主要零售業者之營業利益率
（2013年2月）
(%)
35
30
25
20
15
10
5
0
※AEON、7&I 為相連客群的數值
AEON
7&I
UNY
AEON
LIFE
ARCS
三越伊勢丹
高島屋
J．FRONT
山田電機
EDION
K'S控股
松本清
SUGI控股
Sundrug
DCM
KOMERI
CAINZ
Trial
唐吉訶德
Seria
RF RETAILING EAST
宜得利
ABC MART
全家
Lawson
7&I
GMS
SM
DP
CE
DGS
HC
DS
SPA
CVS

資料：取自各公司結算資料，由 BBT 大學綜合研究所製作

圖03｜在全家＋OK的合併下，Lawson在店面數和營業額方面降為業界第三

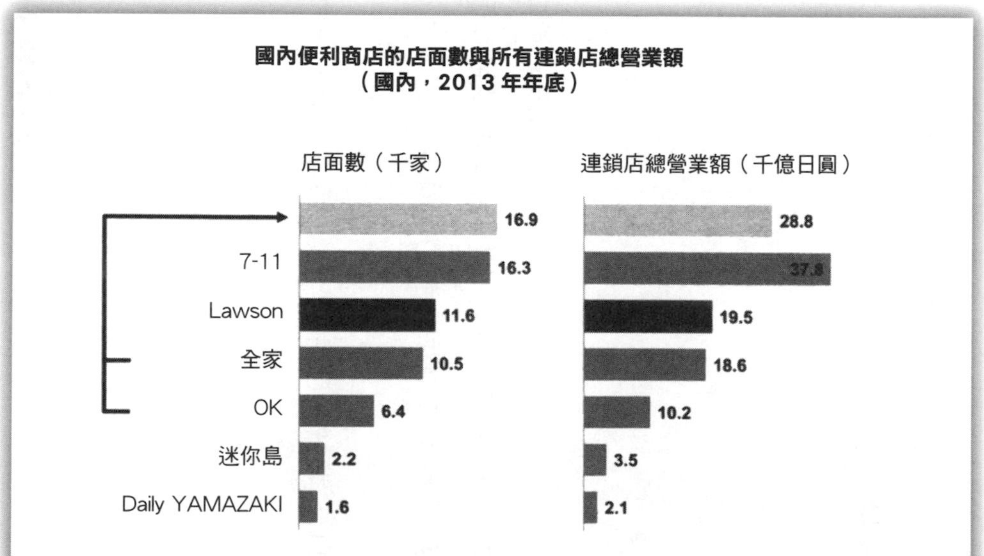
國內便利商店的店面數與所有連鎖店總營業額
（國內，2013年年底）
店面數（千家）
連鎖店總營業額（千億日圓）
16.9
28.8
7-11
16.3
37.8
Lawson
11.6
19.5
全家
10.5
18.6
OK
6.4
10.2
迷你島
2.2
3.5
Daily YAMAZAKI
1.6
2.1

※ 店面數和連鎖店總營業額皆包含區域專利加盟
資料：取自各公司結算資料，由 BBT 大學綜合研究所製作

說是最根本的問題。

我認為這樣的差距，最後終究歸結於「商品夠不夠強」這個問題點上。我也常會光顧7-11，就算是只是一個小小的飯糰，7-11同樣也有許多投注巧思的產品，不會令人失望。Lawson和Natural Lawson雖然也都頗富巧思，但與7-11相比，在印象上還是差了一截，尤其是現成菜的相關產品，有很大的差異。自有品牌的商品力差異，與顧客的支持度息息相關，它會顯現在平均每日銷售額的差距上。

如果只是單純透過重新編制來擴大規模，就策略來說根本毫無意義。

產生難以逆轉的成長差距

雖說7-11是一枝獨秀，但Lawson在二〇〇〇年之前，店面數也一直都穩定增加。但如前所述，由於平均每日銷售額的差距＝商品力的差距，年年累積，等到發現時，已產生難以逆轉的成長差距。如〔圖05／便利商店三大巨頭的店面數走向〕所示，最後在店面數方面，都快要被全家便利商店給追上。

此外，在〔圖06／既有店家的營業額與去年同期相比的走向〕、〔圖07／便利超商三巨頭的業績比較〕中，也可以清楚看出7-11一枝獨秀的色彩。自二〇一〇年後，既有店家的營業額維持正成長的，就只有7-11，就連Lawson也連續兩期呈現負成長。

圖04｜「平均每日銷售額的差距」是更根本的問題，實質上處於7-11一枝獨秀的狀態

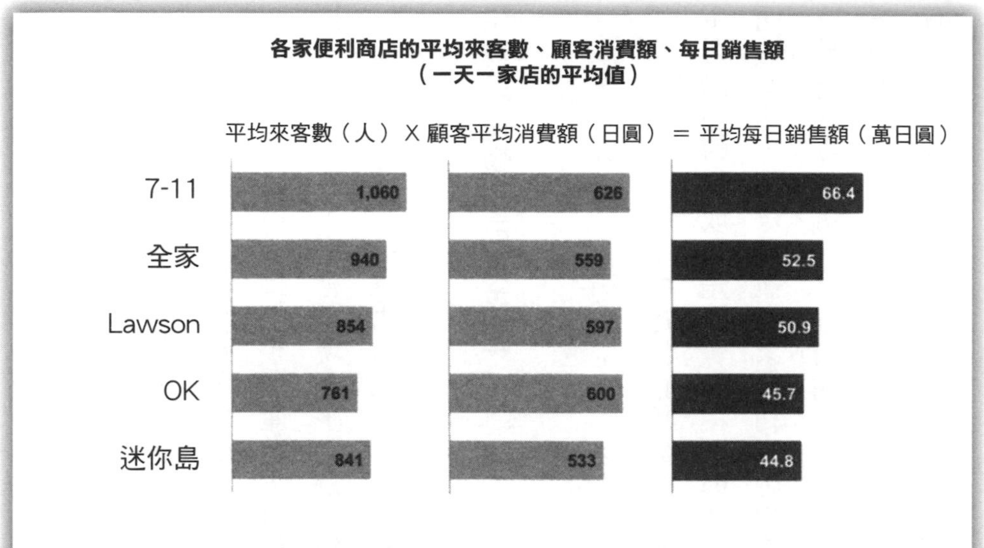
各家便利商店的平均來客數、顧客消費額、每日銷售額
（一天一家店的平均值）
平均來客數（人）X 顧客平均消費額（日圓）= 平均每日銷售額（萬日圓）
7-11
1,060
626
66.4
全家
940
559
52.5
Lawson
854
597
50.9
OK
761
600
45.7
迷你島
841
533
44.8

資料：取自各公司資料，由 BBT 大學綜合研究所製作

圖05｜「商品力的差距」長年累積，化為成長差距，難以扭轉

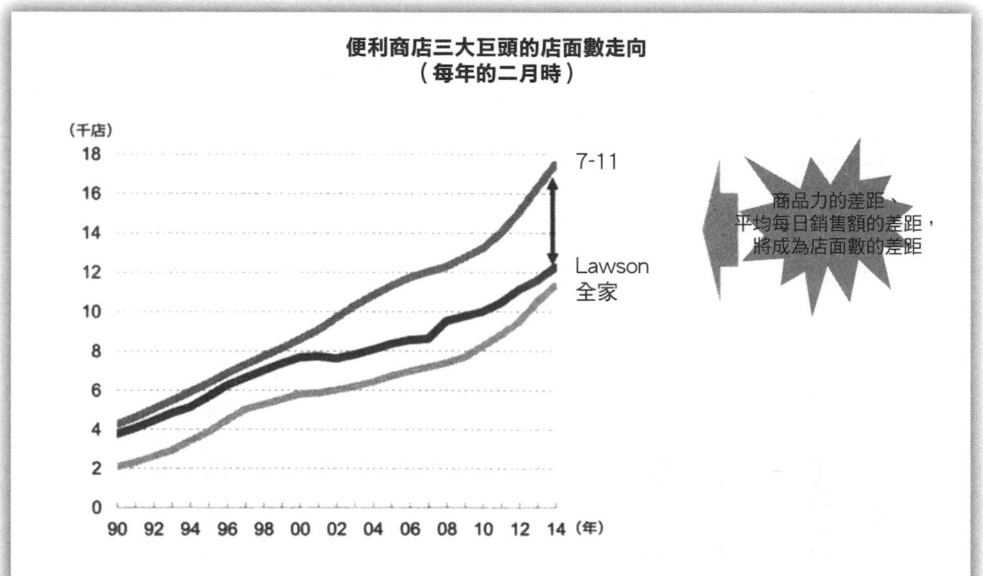
便利商店三大巨頭的店面數走向
（每年的二月時）
（千店）
18
16
14
12
10
8
6
4
2
0
90 92 94 96 98 00 02 04 06 08 10 12 14（年）
7-11
Lawson
全家
商品力的差距、
平均每日銷售額的差距，
將成為店面數的差距

資料：取自各公司結算資料、便利商店調查（日經 MJ），由 BBT 大學綜合研究所製作

圖06｜二〇一〇年後，既有店家的營業額只有7-11持續正成長

既有店家營業額與去年同期相比的走向

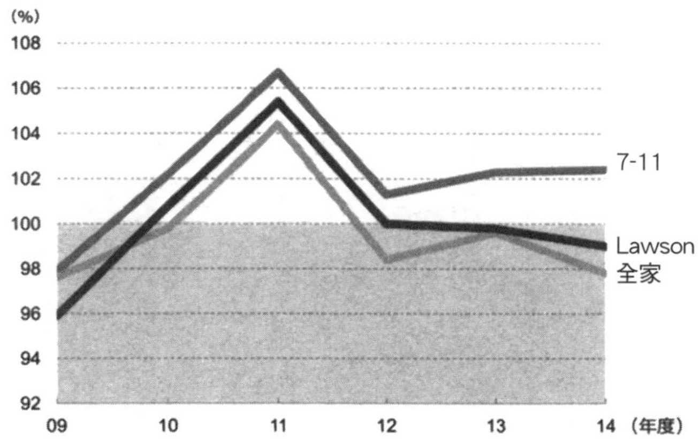

資料：取自各公司結算資料，由 BBT 大學綜合研究所製作

圖07｜在規模、收益力方面，7-11遙遙領先其他公司

便利超商三巨頭的業績比較

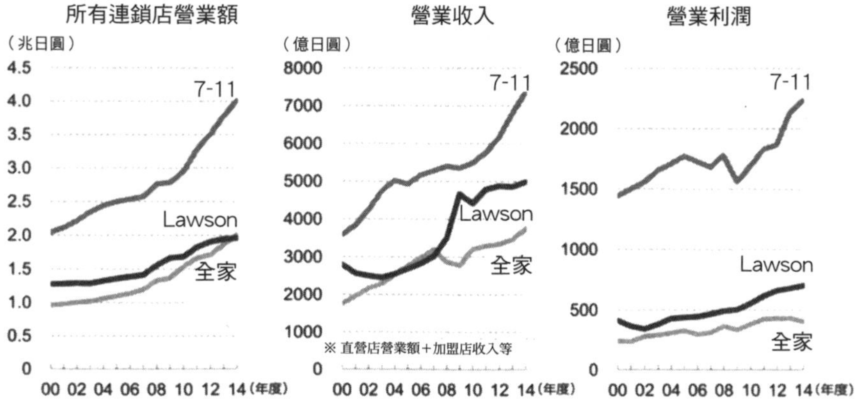

※ 所有連鎖店營業額包含區域專利加盟

資料：取自各公司結算資料，由 BBT 大學綜合研究所製作

不論是所有連鎖店的營業額，還是營業收入及營業利潤，都是7-11一人獨走。至於Lawson與全家便利商店則是處於持續纏鬥的狀況。

致力於商品力強化，是成長的關鍵

不受店面數所惑，全力投入鑽研中

那麼，處在7-11壓倒性的強勢，以及全家與OK的合併浮上檯面的便利超商市場下，Lawson應該以何種策略挽回劣勢呢？

我想重複說的是，造成各家便利超商差距的主要原因，最後還是在於商品力的差距。商品力差距會造成每日銷售額的差距、規模的差距，甚至是收益力的差距。規模經濟發揮不了什麼作用，所以就算因為有兩家競爭對手合併，使得在店家數方面略遜一籌，Lawson也不必著急，重要的是持續穩紮穩打，提升自己的商品力（圖08）。

圖08｜整體、長期，且持續的強化商品力，局部且短期的瓦解競爭對手的市占率

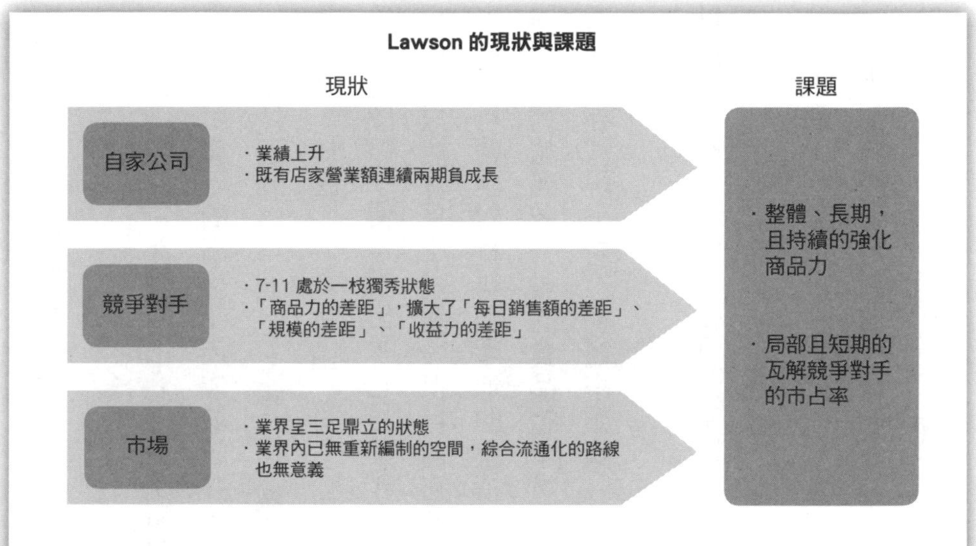
Lawson 的現狀與課題
現狀
課題
自家公司
・業績上升
・既有店家營業額連續兩期負成長
競爭對手
・7-11 處於一枝獨秀狀態
・「商品力的差距」，擴大了「每日銷售額的差距」、「規模的差距」、「收益力的差距」
市場
・業界呈三足鼎立的狀態
・業界內已無重新編制的空間，綜合流通化的路線也無意義
・整體、長期，且持續的強化商品力
・局部且短期的瓦解競爭對手的市占率

資料：由 BBT 大學綜合研究所製作

地方上的防衛有困難

就 Lawson 的具體品牌來說，可分成都市與地方兩種戰略。

因為在地方上積極開店，就現狀來看幾乎沒半點好處。

在地方上，還是以 7-11 來得強，雖然他們在二〇一四年才第一次在未曾涉足的四國成功開店，但有消息傳出，既有的便利超商連鎖店將品牌更換為 7-11 後，營業額倍增。就之前已經開店的 Lawson 來說，遭 7-11 侵食鯨吞蠶食的可能性相當高。換言之，就算在地方上投注心力，預料也很難防衛成功。所以基本上，最好還是對地方上抱持維持現狀的態度。

王牌是高級超市成城石井

另一方面，在對市中心採取的對策上，為了強化商品力，Lawson還有個方法，那就是利用旗下的高級超市成城石井。

成城石井是一九二七年從成城學園前的水果行起家的高級超市，經過連鎖店拓展及併購，於二〇一四年由Lawson收購。成城石井具有與便利超商或GMS不一樣的特色。從圖09中便可看出，它目前才只有一百多家店，與上萬家店的規模展開的便利超商相比，只能算是小規模，但目前它成長的速度飛快。它算是節省空間的類型，所以開店容易，可藉由對材料和產地的堅持，明確的讓商品有別於其他對手。鎖定的客群，也不同於便利超商或一般的食品超市。鎖定這個高級客群的成城石井採用的商品戰略，就超市的業界狀況來看，利益率頗高（圖10）。

以店中店的形式，展現相乘效果

不過，如果把Lawson的招牌改成成城石井，那可就大錯特錯了。

大部分消費者對於成城石井都抱持著「裡頭有很多高級品」的印象。事實上，連寶特瓶裝的茶也都是高級品，顧客也是明白這點才前來購買。因此，Lawson若是直接改

圖09｜旗下的成城石井作為省空間型的高級超市，在市中心持續成長

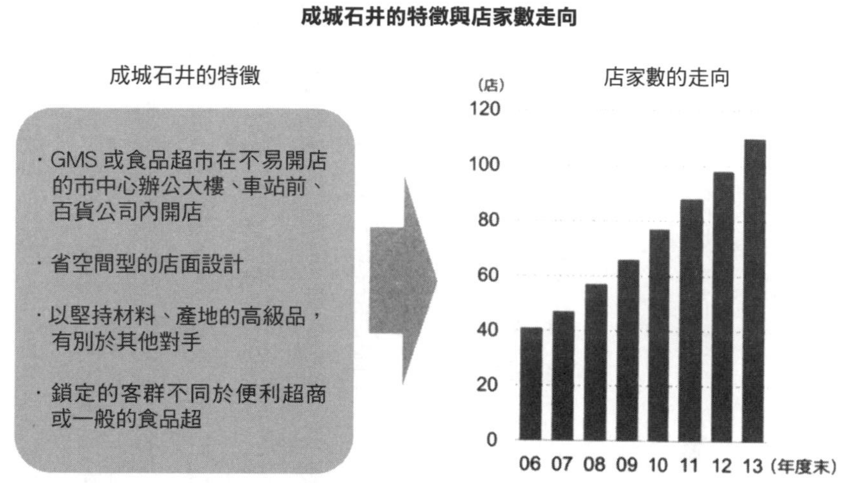
成城石井的特徵與店家數走向
成城石井的特徵
‧GMS 或食品超市在不易開店的市中心辦公大樓、車站前、百貨公司內開店
‧省空間型的店面設計
‧以堅持材料、產地的高級品，有別於其他對手
‧鎖定的客群不同於便利超商或一般的食品超
店家數的走向
(店)
120
100
80
60
40
20
0
06 07 08 09 10 11 12 13 (年度末)

資料：取自成城石井網頁及其他，由 BBT 大學綜合研究所製作

圖10｜成城石井鎖定高級客群的商品戰略，創造出相當高的利益率

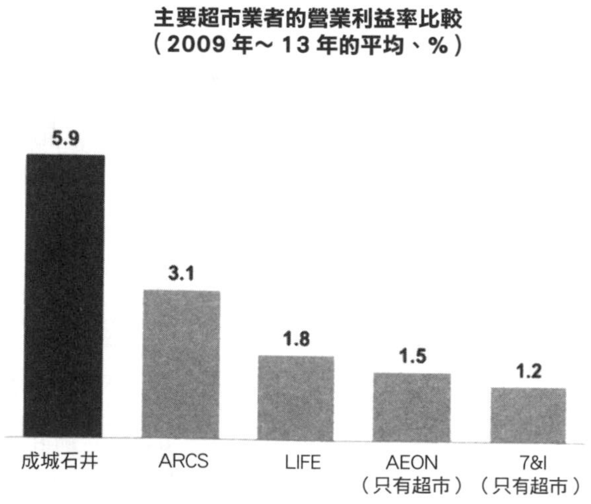
主要超市業者的營業利益率比較
(2009 年～ 13 年的平均、%)
5.9
3.1
1.8
1.5
1.2
成城石井
ARCS
LIFE
AEON (只有超市)
7&I (只有超市)

資料：取自各公司結算資料，由 BBT 大學綜合研究所製作

名為成城石井，追求便利超商價格的顧客便會離 Lawson 遠去。

這時候一定要引進「店中店」。在 Lawson 的店內設立成城石井專櫃。成城石井擁有許多獨一無二的現成菜，所以也要在 Lawson 設置這些產品，作為自有品牌商品，強化商品力。無損於便利超商的便利性，而且對支持成城石井的顧客群來說，感覺成城石井的商品與自己的距離更近了。可以買到便利超商價格的商品，同時也可能買到與 7-11 相比毫不遜色的成城石井現成菜。

像這樣利用 Lawson 與成城石井展現的相乘效果，民眾會心想「既然這樣，那就去 Lawson 吧」，這樣不就能創造出逆轉勝的方程式嗎？（圖 11）

以管理員服務拉攏顧客

戳中便利超商盲點的「面對面營業」

另一項希望 Lawson 從事的，是對市中心高級客群展開「管理員服務」，也就是面對面的營業。

圖11｜透過與成城石井的相乘效果，強化商品力，在都市中心與7-11對抗

Lawson與成城石井的相乘效果

超商的便利性

Lawson

- 作為社會基礎設施的便利性
- 二十四小時營業
- 有效率的物流系統

PB的商品力

成城石井

- 高商品力
- 鎖定高級客群
- 市中心上流階層的支持基礎

- 以成城石井的自有商品來強化Lawson的商品力（店中店）
- 集中在市中心來對抗7-11
- 在市中心店面設置管理員，拉攏方圓兩百公尺內的家庭

資料：BBT大學綜合研究所製作

雖說是面對面的營業，但指的並不是現行的「街上的健康站」，或是有照護管理員常駐的介護服務這類的勞力密集型服務。

基本上，7-11內只放暢銷商品，因為有徹底的電腦管理，但反過來看，這同時也是它的盲點。舉例來說，我想喝ROYALPOLIS這種價格較高的Oronamin C，但便利商店裡沒賣這種非暢銷商品。這時，附近Lawson的「管理員服務」要是記得「大前先生愛喝Oronamin C ROYALPOLIS」，而幫我預留這項商品的話，我就會固定去光顧。

在市中心要調查店面方圓二〇〇公尺內的居民，對他們展開面對面營業。如果是方圓五〇〇公尺，則範圍太大。顧客到店裡來時，能以「〇〇先生（小

姐）」叫出顧客的姓，這樣的距離感非常重要。

由於市中心的居住空間狹小，所以打出「請將 Lawson 當作是自家的冰箱」的口號，先將顧客預留的商品冰好，事先備好顧客的愛用品，接受顧客的請託……要以這種管理員服務回應顧客的需求，確實掌握好商圈裡的顧客。

Lawson 身陷這樣的困境，絕不能一味的追求規模。便利超商的業界並非打規模戰。必須以長期的觀點，穩紮穩打的培養自有品牌商品。具體且有效的活用成城石井，強化商品力。然後以管理員服務拉攏市中心店面方圓二〇〇公尺內的顧客。我認為這才是在全家與ＯＫ合併後，在業界改為排行第三的 Lawson 所應採取的成長戰略。

歸 納

- 在市中心店面活用同公司旗下的成城石井的商品力。以「店中店」的形式強化商品力，瓦解7-11及其他競爭對手。
- 在市中心店面引進管理員服務，進行以往的便利商店漸趨淡薄的面對面營業，確實拉攏店面方圓200公尺內的居民。
- 地方上的店面採取維持現狀的態度。

大前的總結

要仔細觀察「比自己公司還優秀的競爭企業為什麼能成功呢？」

就像美國奇異公司整頓其家電部門，跨足金融等新事業一樣，要時時觀察市場環境的變化，別緊抓著過去的成功經驗不放，要徹底思考接下來的十年間，我們能提供什麼。

CASE 3

Uber

面對「急速成長帶來的痛苦」

如果你是 Uber 的 CEO，在全球的責難聲中，服務品質該如何提升與維持呢？

DATA

正式名稱	Uber Technologies, Inc.
日本法人名稱	Uber Japan 股份有限公司
設立	二〇〇九年三月
代表人	共同創業者 CEO Travis Kalanick
總公司所在地	美國加州
行業	網路服務
事業內容	計程車叫車隨選配車
APP 對應國數目	五十七國（截至目前二〇一五年六月二十九日）
官方網站	http://www.coca-colacompany.com/

※2015 年 1 月現在

伴隨著急速成長，問題接連而至，置身漩渦中的Uber該何去何從？

連接乘客與計程車司機的APP事業

這次要提到的Uber，是在二〇〇九年設立於舊金山。事業概要是利用手機APP進行計程車配車服務。他們使用GPS功能，提供一個可以透過平臺讓想坐計程車的乘客與Uber旗下簽約的計程車司機直接配對的系統。

乘客事先下載APP，做好使用者登錄後，便可在需要搭計程車時，透過手機APP畫面委託配車。接著離乘客最近的計程車司機便會前往接送、運送，就是這樣的一種機制。司機必須從乘客支付的運費中，抽兩成上繳給Uber（圖01）。

目前正收到各國的提告及停止營業處分

Uber從服務開始至今，僅短短五年，便已急速成長，在世界五十三國、二五四個都市展開服務（數據取自二〇一四年十二月的 Bloomberg Businessweek 2014/11/20、Uber 網站）。在二〇一四年十二月資金調度階段的估定價值方面，其企業價值號稱達四〇〇億美元＝約四・八兆日圓。

但急速擴張也伴隨著產生各種問題，因為安全管理以及旅客運送法的法律問題，Uber 收到各國的提告及停止營業處分。所謂的旅客運送法，在日本稱之為「道路運送法」，是用來維護道路運送事業正規營運、公平競爭、確保秩序的法律。當中還有駕照及運費等規定。

圖02是二〇一四一整年當中，Uber 接獲提告及行政處分的國家及地區。在丹麥、挪威、加拿大等國，甚至是政府當局直接提告。而各國的計程車業界也有很大的反對聲浪，堪稱是置身於強大的責難漩渦中。

圖01｜直接為乘客與司機配對，收取實際運費的兩成

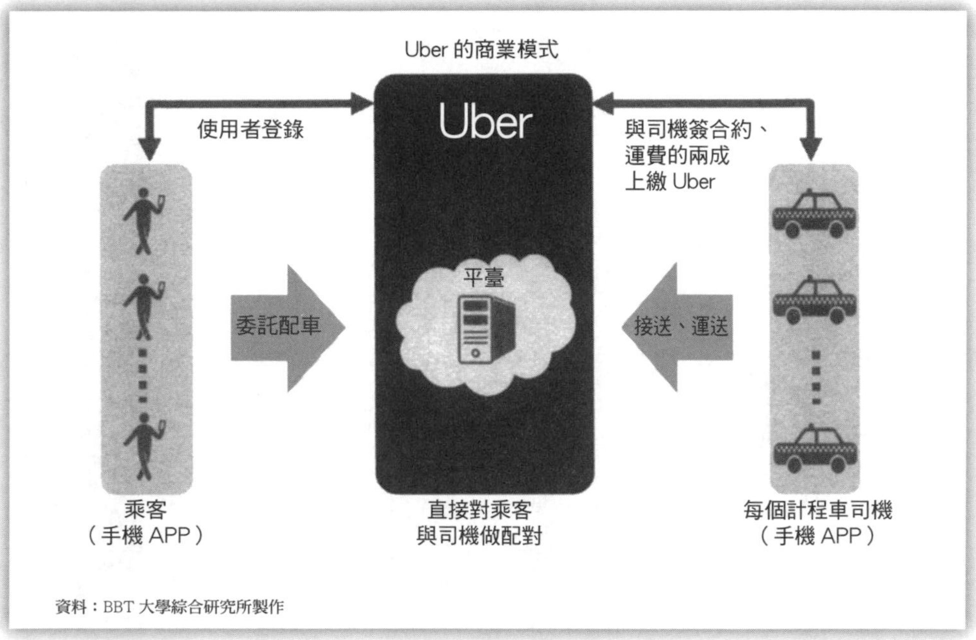
Uber 的商業模式
Uber
使用者登錄
與司機簽合約、
運費的兩成
上繳 Uber
委託配車
平臺
接送、運送
乘客
（手機 APP）
直接對乘客
與司機做配對
每個計程車司機
（手機 APP）

資料：BBT 大學綜合研究所製作

圖02｜隨著擴張而面對各國在安全管理和旅客運送法上的問題，提獲提告及停止營業處分

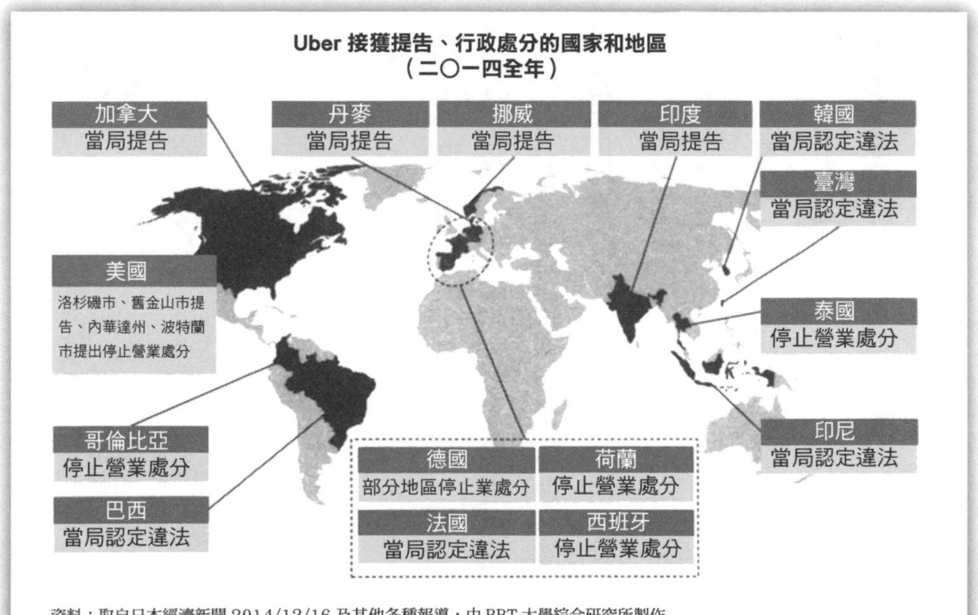
Uber 接獲提告、行政處分的國家和地區
（二〇一四全年）
加拿大
當局提告
丹麥
當局提告
挪威
當局提告
印度
當局提告
韓國
當局認定違法
臺灣
當局認定違法
美國
洛杉磯市、舊金山市提告、內華達州、波特蘭市提出停止營業處分
泰國
停止營業處分
哥倫比亞
停止營業處分
巴西
當局認定違法
德國
部分地區停止業處分
荷蘭
停止營業處分
法國
當局認定違法
西班牙
停止營業處分
印尼
當局認定違法

資料：取自日本經濟新聞 2014/12/16 及其他各種報導，由 BBT 大學綜合研究所製作

旅客運送法方面的問題、安全管理方面的問題……——浮現的實情

與沒有執照的自用汽車簽約也存在著問題

Uber為何會被視為是個大問題呢？

在許多國家有用來「載客收費」的執照，相當於日本的「第二種駕照」。第二種駕照是道路交通法上的一種執照區分，為使用巴士或計程車這類的客車來載送旅客者所用的執照。但Uber卻與沒持有這種執照的司機簽訂契約，Uber本身也沒持有旅客運送業的執照。不管有無執照，以司機的身分用自用汽車或租車加入Uber的人絡繹不絕，就此成了旅客運送法方面的問題。

此外，服務品質管理的責任、司機的管理責任、車輛調度、管理責任、載客中發生的事故賠償責任、邊開計程車邊找乘客，亦即所謂「尋客中」發生事故的賠償責任，這所有責任的歸屬都很模糊不明。Uber規定責任歸屬不在企業這邊，而在司機那邊，但這些迴避「安全管理責任」與「旅客運送法」的商業模式，在各國都被當作問題看待（圖03）。

圖03｜對「安全管理責任」及「各國的旅客運送法」採取迴避的商業模式，就此成了問題

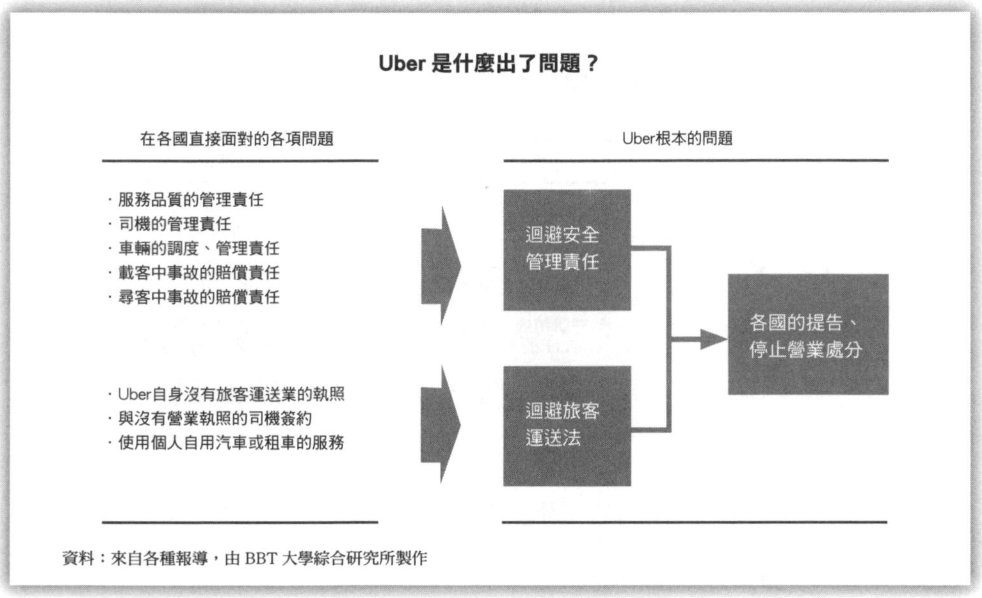
Uber 是什麼出了問題？
在各國直接面對的各項問題
Uber根本的問題
· 服務品質的管理責任
· 司機的管理責任
· 車輛的調度、管理責任
· 載客中事故的賠償責任
· 尋客中事故的賠償責任
迴避安全管理責任
各國的提告、停止營業處分
· Uber自身沒有旅客運送業的執照
· 與沒有營業執照的司機簽約
· 使用個人自用汽車或租車的服務
迴避旅客運送法
資料：來自各種報導，由 BBT 大學綜合研究所製作

迴避安全管理責任、賠償責任

具體會發生何種問題，請看圖04。二〇一三年在舊金山，一名簽約的司機在操作 Uber 的終端機時發生死亡事故。司機當然遭到起訴，Uber 的應負責任也遭受審查，但 Uber 對這項審查主張空車時的事故責任不在 Uber。

另外，二〇一四年在印度的新德里，一名 Uber 的簽約司機對乘客犯下強姦案時，Uber 表現出願意協助調查的態度，但對於賠償責任則隻字未提。這種迴避安全管理責任和賠償責任的服務形態，各國行政當局都當視為問題看待。

圖04｜迴避安全管理責任、賠償責任的這種服務形態，行政當局視為問題看待

Uber 簽約司機引發的事故、事件

	【事例①】	【事例②】
日期（場所）	二〇一三年十二月（美國舊金山）	二〇一四年十二月（印度新德里）
事故、事件	操作 Uber 終端機時發生死亡事故	Uber 簽約司機強姦乘客
行政當局的對應	起訴司機，並審查 Uber 的應負責任	認定疏於對司機的適性做確認，停止營業
Uber 的對應	空車時發生的事故，不在補償對象內	全面配合搜查，對賠償問題隻字未提

迴避安全管理責任、賠償責任的這種服務形態，行政當局視為問題看待

資料：來自各種報導，由 BBT 大學綜合研究所製作

圖05｜採取安全管理責任由各個簽約司機負責的機制
（司機無法承擔風險時，風險很可能會轉嫁到使用者身上）

「法人計程車」與「Uber」之安全管理責任比較

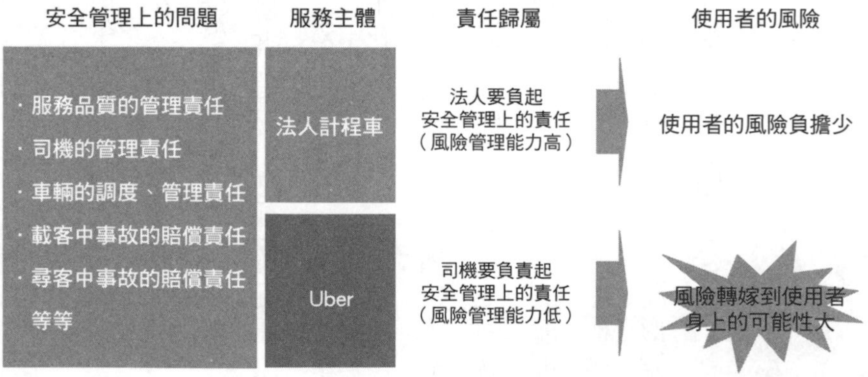
安全管理上的問題
服務主體
責任歸屬
使用者的風險
・服務品質的管理責任
・司機的管理責任
・車輛的調度、管理責任
・載客中事故的賠償責任
・尋客中事故的賠償責任
等等
法人計程車
法人要負起
安全管理上的責任
（風險管理能力高）
使用者的風險負擔少
Uber
司機要負責起
安全管理上的責任
（風險管理能力低）
風險轉嫁到使用者
身上的可能性大

※Uber 與計程車簽約時，法人計程車會負起安全管理責任
資料：由 BBT 大學綜合研究所製作

風險管理能力低，會增加使用者的風險負擔

一般的法人計程車與Uber之間，其安全管理責任的歸屬存有決定性的差異。以法人計程車的情況來說，剛才所提到的服務品質管理和司機管理這類的安全管理責任都是由業者承擔，所以風險管理能力當然也高。

另一方面，Uber在安全管理方面的責任是由司機承擔。如此一來，Uber的風險管理能力和責任意識就會變得低落，以結果來看，風險轉嫁到使用者身上的可能性相當高（圖05）。

附帶一提，在紐約，司機會付高額費用取得名為「勛章」的計程車營業執照。只要稍有違規就會被吊銷執照，所以這是以執照作擔保，保障服務品質和司機素質的一種機制。

以建構安全管理體制為由，提高運費？

儘管將所有安全管理的責任都推給司機，但Uber是否仔細對簽約的司機做適性調查呢，其實也沒有。對身分的確認一概仰賴網路，非常隨便。

關於這點，在經歷印度的那起事件後，Uber認定有必要著手處理安全問題，其

圖06｜將安全管理責任、風險管理費用的一部分轉嫁給使用者

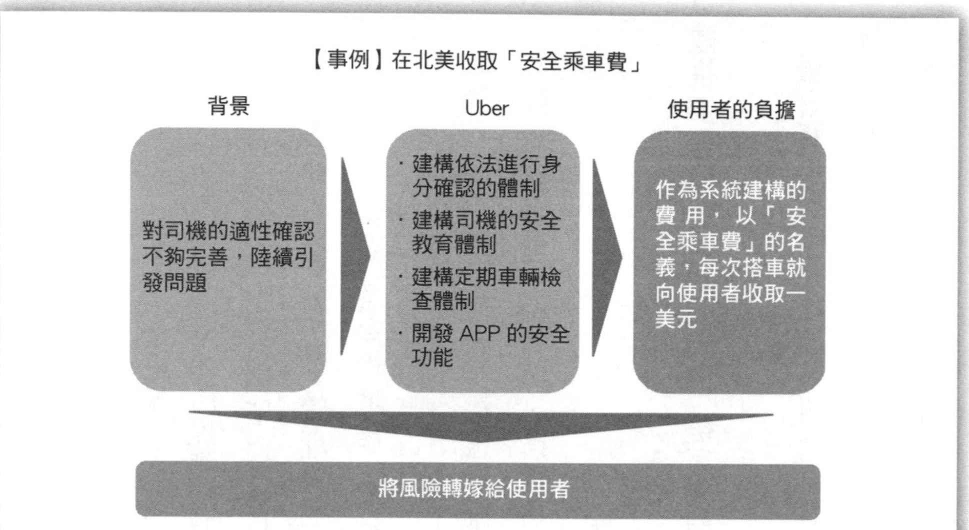
【事例】在北美收取「安全乘車費」
背景
Uber
使用者的負擔
對司機的適性確認不夠完善，陸續引發問題
· 建構依法進行身分確認的體制
· 建構司機的安全教育體制
· 建構定期車輛檢查體制
· 開發 APP 的安全功能
作為系統建構的費用，以「安全乘車費」的名義，每次搭車就向使用者收取一美元
將風險轉嫁給使用者

資料：取自 WSJ《Uber 的「安全乘車費」，是將乘客當傻瓜嗎？》，由 BBT 大學綜合研究所製作

安全負責人於二〇一四年十二月在官方部落格上發表與改善司機任用制有關的計畫。

然而，像依法進行身分確認、司機的安全教育、定期車輛檢查、開發APP的安全功能等，為了建構這些體制，而引進提高一美元車資的「安全乘車費」，此事已有先例，Uber將風險費用轉嫁到使用者身上的這種態度，引來民眾強烈的反彈（圖06）。

在灰色地帶急速成長的APP業者型服務

在合法性方面尚有許多灰色地帶

配車服務的生意大致可分成三種，分別是像法人計程車這類的「旅客運送業者型」（巴士、計程車、飛行機、電車等載人的業者）、像旅行代理店這類的「旅行業者型」（安排交通或住宿的旅行相關事業，基於旅行業法，需要向國家登錄的業者），以及像Uber這種「APP業者型」。

從圖07中可看出，在「旅客運送業者型」或「旅行業者型」的商業模式中，配車服務、旅客運送服務、管理責任是由法人負責，合法性明確。但以Uber為首的「APP業者型」的商業模式，雖然會因國家不同而有些許差異，但在合法性這方面，尚存有許多灰色部分。可以說它就是因為在這種灰色地帶展開，所以才會如此急速成長。

話雖如此，可不是所有服務都處在灰色地帶（圖08）。Uber會隨著車種或司機的等級而有不同的服務形態，但與法人計程車業者合作，由Uber負責配車服務的「uberTAXI」，相當於旅行業者型的商業模式，完全合法。「UberBLACK」不是法人，而是直接與擁有營業執照的司機訂契約，合法性是近乎白色的灰。在日本展開的，就只有這兩種模式，所以目前沒有引發法律問題。

在各國引發問題的，是在北美展開的「uberX」、在歐洲展開的「uberPOP」，這些是由沒有營業執照的一般司機以自用汽車和Uber簽訂契約，管理責任全交由司機自行負責。這是近乎黑色的灰，事實上，在許多國家和地區都已被列為行政處分對象。

在東南亞崛起的配車APP。在安全性方面值得信賴的業者也投入其中。

雖然問題層出不窮，但配車APP尤其是在東南亞，這幾年非常蓬勃。軟銀出資二九八億日圓投資的，是二〇一二年在馬來西亞起家，後來遷往新加坡的「Grab」。此外也有在提供在國境間往來服務的「TaxiMonger」、德國IT企業出資的「Easy Taxi」、以英國為發祥地的「Hailo」等，也都繼Uber之後如雨後春筍般增加（圖09）。

舉例來說，「GrabTaxi」受到社會大眾的認同。「GrabTaxi」在展開服務的所有國家，皆可直接與司機會面，直接審查其身分、專用執照、車輛登錄證明書等。在問題較多的開發中國家計程車業界，APP業者會給人信賴感，認為可擔保其安全性。

反過來看，Uber對於其適性審查一直都沒明確處理，所以引發各種問題，備受責難（圖10）。

圖07｜APP業者型的配車服務，其合法性為灰色

配車服務的商業模式與合法性

	旅客運送業者型（法人計程車等）	旅行業者型（旅行代理店等）	APP 業者型（Uber 等）
配車服務	運送業者（法人計程車）	旅行業者（旅行代理店）	APP 業者
旅客運送服務		運送業者	簽約司機
管理責任		配車由旅行業者處理 旅客運送由運送業者處理	簽約司機
合法性	合法	合法	灰色

資料：BBT 大學綜合研究所製作

圖08｜以普通駕照和自用汽車來提供配車、旅客運送服務，引發問題（※在日本只有uberTAXIU、berBLACK，目前沒引發法律問題）

Uber 的各種服務模式的合法性

	uberTAXI（旅行業者模式）	UberBLACK（準旅行業者模式）	uberX（北美） uberPOP（歐洲）
配車服務	Uber	Uber	Uber
旅客運送服務	法人計程車	擁有營業執照的簽約司機	普通駕照和自用汽車的簽約司機
管理責任	法人計程車 部分 Uber 簽約司機	簽約司機 部分 Uber	簽約司機 使用者自己負責
合法性	合法	近乎白色的灰	近乎黑色的灰（在各個國家、地區受到行政處分）

資料：取自 Uber 網站、Diamond Online 2014/8/1，以及其他報導，由 BBT 大學綜合研究所製作

圖09｜東南亞的地區性配車APP崛起

在東南亞展開的主要配車 APP

APP 名稱	設立年份、發祥地	提供服務國家	備考
Grab Taxi	2012 年馬來西亞（總公司移往新加坡）	馬來西亞、菲律賓、泰國、新加坡、越南、印尼	軟銀出資約 298 億日圓
Taxi Monger	2012 年馬來西亞	馬來西亞、新加坡	展開國境間往來服務
Easy Taxi	2012 年巴西	馬來西亞、菲律賓、泰國、新加坡、越南、印尼	在世界 33 國展開，德國的 Rocket Internet 出資
Hailo	2011 年英國	新加坡	在世界五個國家、十個都市展開，並撤出北美
Uber	2009 年美國	馬來西亞、菲律賓、泰國、新加坡、越南、印尼	在世界 53 個國家，254 個都市展開服務

資料：取自朝日新聞 2014/7/3、日經產業新聞 2014/11/27，以及其他報導，由 BBT 大學綜合研究所製作

圖10｜Grab Taxi在問題眾多的發展中國家的計程車業界，建構出安全性與保護使用者的體制

Grab Taxi 的安全管理體制的事例

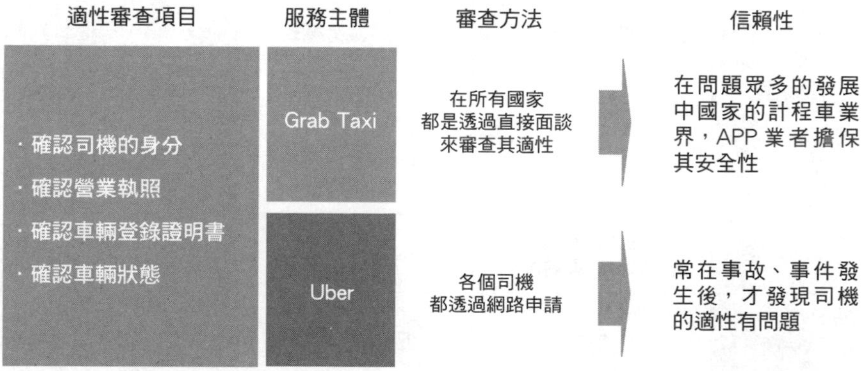
適性審查項目
服務主體
審查方法
信賴性
· 確認司機的身分
· 確認營業執照
· 確認車輛登錄證明書
· 確認車輛狀態
Grab Taxi
在所有國家都是透過直接面談來審查其適性
在問題眾多的發展中國家的計程車業界，APP 業者擔保其安全性
Uber
各個司機都透過網路申請
常在事故、事件發生後，才發現司機的適性有問題

※Uber 與計程車簽約時，法人計程車會負起安全管理責任
資料：由 BBT 大學綜合研究所製作

看見自己與競爭對手的差別，讓灰色模式轉為合法模式

轉向合法模式。以「uber TAXI」路線謀求更好的發展

Uber面臨了「建構安全管理體制」與「確保合法性」這兩大課題。根據這兩點，我認為其今後的方向大致有三條路可走。

第一個方法，是將灰色模式轉為合法模式，以「uberTAXI」路線來推展。與展開服務的當地法人計程車合作，Uber完全當一個提供配車服務的APP業者，目標是在全球的基礎下提供服務。安全責任要分擔、明確化，系統的使用費，最好維持在實際車資的10%以下。（圖11）

向「Grab Taxi」學習，將灰色模式導正

第二個方法，是將灰色模式導正。為此，要沿襲「GrabTaxi」模式，建構安全管理體制。在發展中國家要組織互助會，收取實際車資的20%手續費，不過取而代之的，是

圖11｜促進與當地法人計程車的合作模式，完全當一個APP業者

Uber 的課題與方向性
（案①：轉向合法模式）

案①：轉向合法模式

貫徹與當地法人計程車的合作模式，完全當一個 APP 業者
要分擔安全責任，並加以明確化，系統使用費要控制在 10%以下

Uber 的課題：建構安全管理體制／確保合法性

	uberTAXI（旅行業者型）	UberBLACK（準旅行業者型）	uberX（北美）uberPOP（歐洲）
配車服務	Uber	Uber	Uber
旅客運送服務	法人計程車	持有營業執照的簽約司機	擁有普通駕照、自用汽車的簽約司機
管理責任	法人計程車 部分 Uber	簽約司機 部分 Uber	簽約司機 使用者自己負責
合法性	合法	近乎白色的灰	近乎黑色的灰（在各國、地區受到行政處分）

資料：由 BBT 大學綜合研究所製作

要引進保險服務，擔保其安全性，這點很重要。要與「GrabTaxi」做區隔很困難，但至少要讓現在仍處於灰色地帶的事，盡可能趨近合法（圖12）。

全球一站式服務

而第三個方法，則是藉由高檔服務來突顯差異。例如商業人士會頻繁的往來於世界各地。

對這樣的人來說，不管在世界何處，只要用一個APP畫面（＝單一號碼）就能叫計程車的服務，顯得相當重要。對商業人士來說，前來迎接的不必是高級轎車，只要是位擁有營業執照，值得信賴的司機就已足夠，所以要是能提供他們全球一站式的全方位支援服務，不

是很好嗎（圖13）？

像這樣的管理員功能，有部分的信用卡公司也已實施，不過，如果是APP業者型的配車服務，還能省去司機站在機場的出口處舉著寫有預約者名字的板子等候所花的時間。另外，若是沒趕上飛機時，也很容易聯絡，對計程車業者來說，也能留住好顧客，算是一項優點。

發揮單一號碼的優點，再加上管理員化，為它增添附加價值。採取這樣的做法，不追求急速成長，慢慢站穩腳步，我認為非常重要。這就是我對「如果你是Uber的CEO，你會怎麼做？」的回答。

圖12｜自行建構安全管理體制和保險服務對發展中國家的計程車服務提供安全

Uber 的課題與方向性
（案②：導正灰色模式）

・沿襲 Grab Taxi 模式
・建構安全管理體制
・在發展中國家組織互助會
・以實際車資的 20%當手續費，引進保險

Uber 的課題
- 建構安全管理體制
- 確保合法性

	uberTAXI（旅行業者型）	UberBLACK（準旅行業者型）	uberX（北美）uberPOP（歐洲）
配車服務	Uber	Uber	Uber
旅客運送服務	法人計程車	持有營業執照的簽約司機	擁有普通駕照、自用汽車的簽約司機
管理責任	法人計程車 部分 Uber	簽約司機 部分 Uber	簽約司機 使用者自己負責
合法性	合法	近乎白色的灰	近乎黑色的灰（在各國受到行政處分）

資料：由 BBT 大學綜合研究所製作

圖13｜鎖定上流階層，提供符合其目的的旅行全方位支援、全球一站式服務

Uber 的方向性
（案③：差異化戰略）

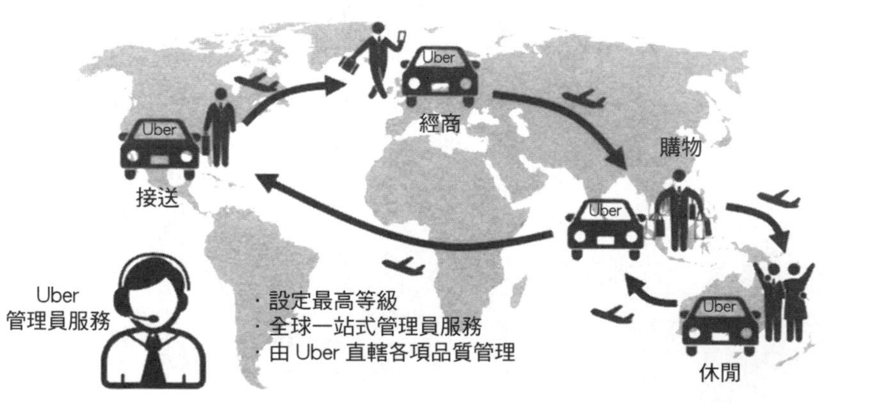

資料：BBT 大學綜合研究所

歸 納

- 將灰色模式轉為合法模式的「uberTAXI」。與法人計程車合作，Uber 完全當配車服務的APP 業者。
- 以「Grab Taxi」的商業模式當範本，自行建構安全管理體制和保險服務，讓商業模式接近合法模式。
- 對使用商務艙的商業人士提供一站式管理員功能，以高檔服務來呈現差異化。

大前的總結

「讓人因信賴進而展開交易的設計」，是成為服務差異化的強力武器

在今後網路成為販售舞臺的商業模式中，使用者的好惡所構成的評價，將是重要的關鍵。在看不見彼此樣貌的網路上，如何取得信用至為重要。

CASE 4

任天堂

因應變化創造「熱門」

如果你是任天堂的社長，
趁著和 DeNA 合作的機會，
要如何成為智慧手機時代的遊戲市場霸主？

DATA

正式名稱	任天堂股份有限公司
設立	一八四七年十一月
代表人	代表取締役 專務 竹田玄洋・宮本茂
總公司所在地	京都府京都市
行業	資訊通訊機器製造、軟體
事業內容	家用娛樂機器製造、販售
資本額	一〇〇 億六五四〇萬日圓
員工數	相關企業員工人數 五一二〇人（目前二〇一五年三月底） 該公司員工數二〇〇九人（目前二〇一五年三月底）
官方網站	http://www.nintendo.co.jp/

※ 這是二〇一五年三月的資料。而現在二〇一六年四月的代表取締役社長是君島達己。

全球的遊戲市場擴大。但在背後，家用電玩遊戲卻被迫陷入苦戰

國內市場從「家用電玩」轉為「手機遊戲」

國內電玩市場的「家用電玩」市場長期以來不斷萎縮，而智慧型手機這類的「手機遊戲」卻急速成長，整體來看，與十年前相比，約擴大了兩倍之多，達到一兆日圓的規模。請看圖01和圖02。依國內不同平臺區分的遊戲市場規模，在二〇一三年時，智慧型手機遊戲市場超過五千億日圓，追過家用電玩市場（硬體加軟體合計）。可以看得出，遊戲市場的平臺從裝設型遊戲機這類的家用專門機，急速轉向智慧型手機。

國外市場同樣快速轉向手機遊戲

電玩業界的環境劇變，並非只限於國內。如圖03所示，二〇一三年的全球電玩遊戲市場（硬體除外）攀升至六・三兆日圓左右，其中手機及電腦遊戲占了將近八成。在國外，遊戲平臺也急速轉向手機。

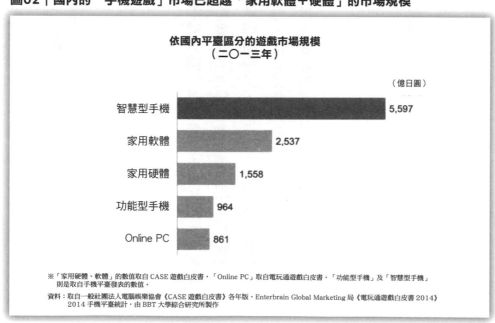

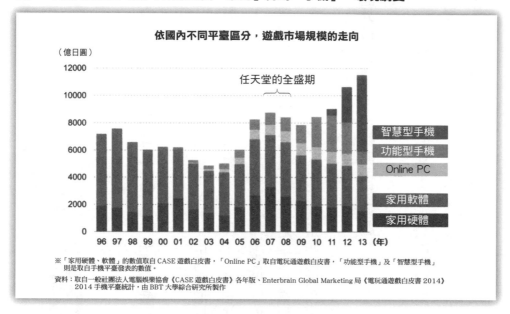

圖01｜國內遊戲市場的平臺急速由「家用」轉為「手機」，環境劇變

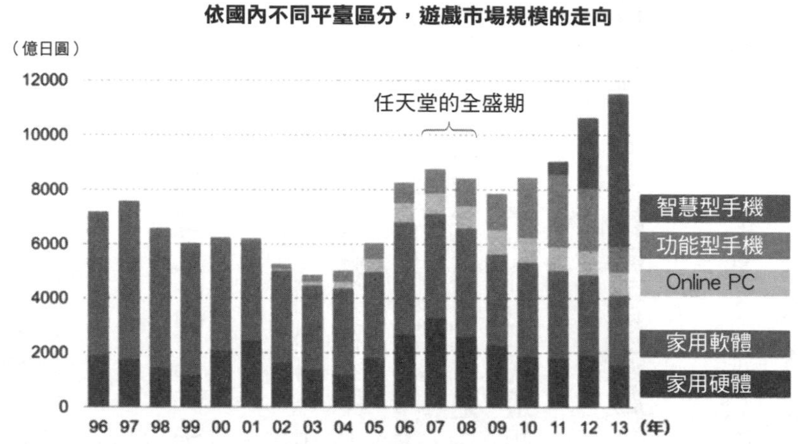
依國內不同平臺區分，遊戲市場規模的走向
（億日圓）
12000
10000
8000
6000
4000
2000
0
任天堂的全盛期
96 97 98 99 00 01 02 03 04 05 06 07 08 09 10 11 12 13 （年）
智慧型手機
功能型手機
Online PC
家用軟體
家用硬體

※「家用硬體、軟體」的數值取自 CASE 遊戲白皮書，「Online PC」取自電玩通遊戲白皮書，「功能型手機」及「智慧型手機」則是取自手機平臺發表的數值。

資料：取自一般社團法人電腦娛樂協會《CASE 遊戲白皮書》各年版、Enterbrain Global Marketing 局《電玩通遊戲白皮書 2014》2014 手機平臺統計，由 BBT 大學綜合研究所製作

圖02｜國內的「手機遊戲」市場已超越「家用軟體＋硬體」的市場規模

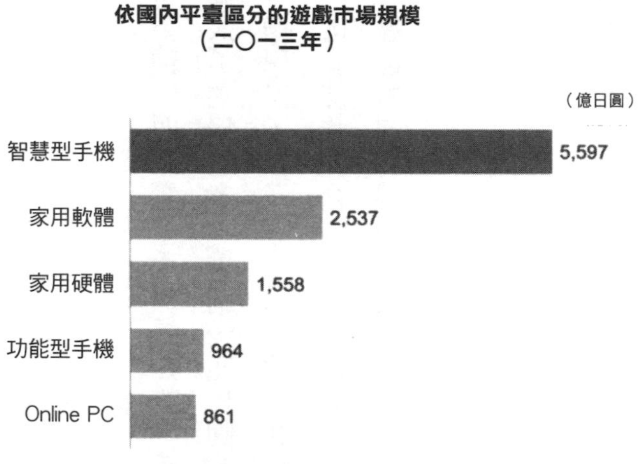
依國內平臺區分的遊戲市場規模
（二〇一三年）
（億日圓）
智慧型手機 5,597
家用軟體 2,537
家用硬體 1,558
功能型手機 964
Online PC 861

※「家用硬體、軟體」的數值取自 CASE 遊戲白皮書，「Online PC」取自電玩通遊戲白皮書，「功能型手機」及「智慧型手機」則是取自手機平臺發表的數值。

資料：取自一般社團法人電腦娛樂協會《CASE 遊戲白皮書》各年版、Enterbrain Global Marketing 局《電玩通遊戲白皮書 2014》2014 手機平臺統計，由 BBT 大學綜合研究所製作

圖03｜在全球市場下，環境劇變（從家用到手機）同樣在進行中

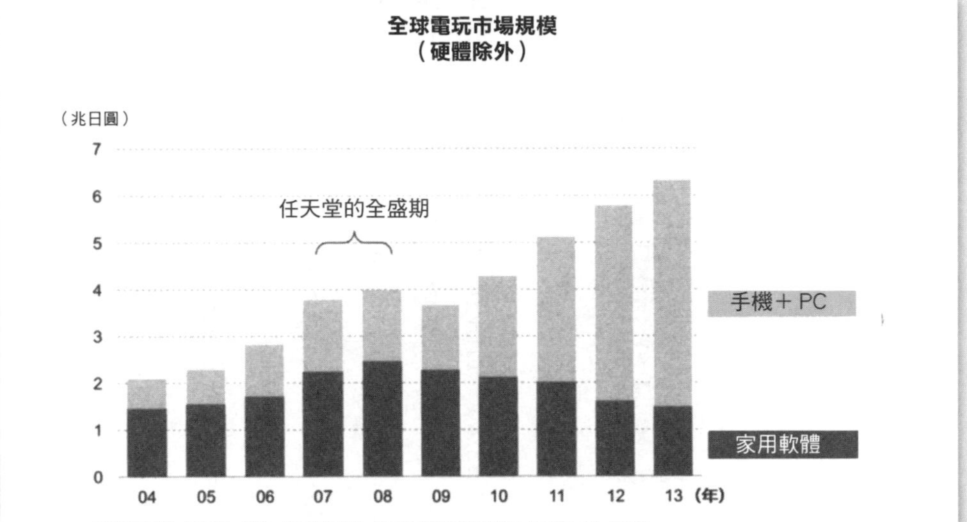
全球電玩市場規模
（硬體除外）
（兆日圓）
7
6
5
4
3
2
1
0
任天堂的全盛期
手機＋PC
家用軟體
04
05
06
07
08
09
10
11
12
13（年）

※「家用軟體」為北美、西歐、日本的合計值，這三個地區以外皆當作是「手機＋PC」來推算

資料：取自 Enterbrain Global Marketing 局《電玩通遊戲白皮書》各年版，由 BBT 大學綜合研究所製作

圖04｜智慧型手機的全球出貨臺數，遠高出任天堂硬體的累計銷售臺數許多

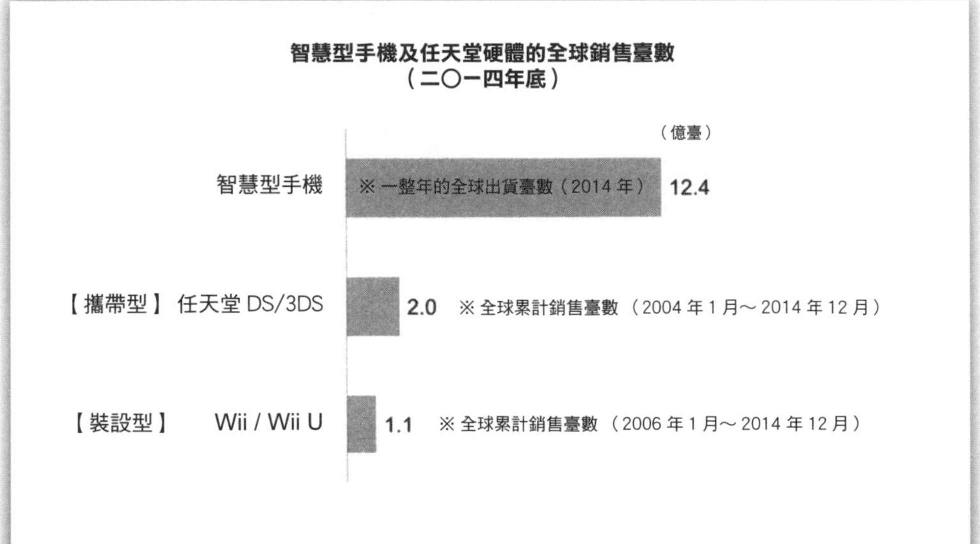
智慧型手機及任天堂硬體的全球銷售臺數
（二〇一四年底）
（億臺）
智慧型手機
※ 一整年的全球出貨臺數（2014 年）
12.4
【攜帶型】任天堂 DS/3DS
2.0
※ 全球累計銷售臺數（2004 年 1 月～2014 年 12 月）
【裝設型】 Wii / Wii U
1.1
※ 全球累計銷售臺數（2006 年 1 月～2014 年 12 月）

資料：取自任天堂公開資料、Gartner，由 BBT 大學綜合研究所製作

手機遊戲帶動著業界

全球的電玩市場，預估在二〇一八年會成長為十四兆日圓的規模（遊戲調查公司Newzoo二〇一五年版市場報告），而帶動市場成長的，正是手機遊戲。

二〇一四年的智慧型手機全球出貨臺數為十二億四〇〇〇萬臺。另一方面，全球熱銷的掌上型遊戲機「任天堂DS／3DS」在十年間於全球的累計銷售臺數為二億臺，家用電視遊戲器「Wii／Wii U」為一億一〇〇〇萬臺，智慧型手機的全年出貨臺數則遠遠在它們之上。從這個數字也可以看出，就家用遊戲與手機遊戲來說，它們有可能成為玩家的人口基礎完全無法相比（圖04）。

成敗兩分的國內遊戲製造商

家用遊戲、功能型手機遊戲的業績下滑

由於業界急速轉往智慧型手機發展，使得原本以家用遊戲和功能型手機遊戲為主力

圖05｜因產生「轉向智慧型手機」的急劇現象，舊平臺的大廠全都業績下滑

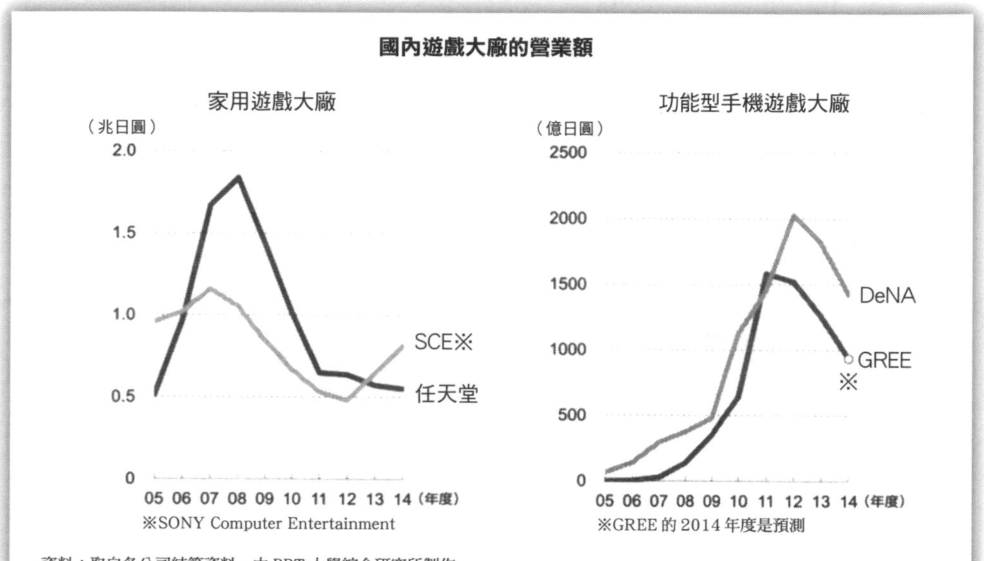
國內遊戲大廠的營業額
家用遊戲大廠
（兆日圓）
2.0
1.5
1.0
0.5
0
SCE※
任天堂
05 06 07 08 09 10 11 12 13 14（年度）
※SONY Computer Entertainment
功能型手機遊戲大廠
（億日圓）
2500
2000
1500
1000
500
0
DeNA
GREE
※
05 06 07 08 09 10 11 12 13 14（年度）
※GREE的2014年度是預測

資料：取自各公司結算資料，由BBT大學綜合研究所製作

的製造商大受影響。

從圖05也看得出來，SONY Computer Entertainment（以下簡稱SCE）在二〇〇七年，任天堂在二〇〇八年，營業額都突然大幅滑落。SCE在二〇一三年發售的「PlayStation4」，於全球累計銷售臺數在二〇一五年三月一日時突破兩千萬臺，在歷代「PlayStation」系列的硬體中，號稱銷售步調最快，儘管如此，業績卻仍不見起色。因為如前所述，家用遊戲與手機遊戲的使用者人數相差懸殊。

而鎖定功能型手機平臺急速成長的DeNA和GREE，也在手機遊戲竄起的二〇一一～一二年間達到巔峰，之後營業額開始下滑。

從圖06中可以看出，國外以舊平臺

（針對家庭用、PC）為主力的製造商，業績同樣都停滯不前。而另一方面，針對智慧型手機開發社群網路遊戲，以英國當據點的 King Digital Entertainment，以及芬蘭的 Supercell，則是從二〇一二年開始急速成長。

King Digital Entertainment 是 iPhone 及安卓系統的遊戲製造商，二〇一二年該公司開發出一款免費下載的遊戲「Candy Crush」，在世界各國大紅大紫。Supercell 是二〇一〇年於赫爾辛基設立的手機遊戲開發公司，以免費增值的遊戲「部落衝突」聞名。

另一方面，美國一家採 PC 走向的社群網路遊戲開發公司 Zynga，主要開發 Facebook 上的網頁遊戲。當初設立時，可說是備受矚目，但隨著智慧手機市場的擴張，近年來業績持續下滑。

新興業者的業績一路長紅

而在國內，對平臺轉向智慧型手機的變化做出因應的製造商，尤其是身為新興業者的 GungHo 和 Colopl，業績都大幅成長（圖07）。GungHo 著手製作的手機遊戲「龍族拼圖」，熱銷全球，備受矚目。Colopl 則是從功能型手機遊戲起家，二〇一一年投入智慧型手機遊戲，成長快速的一家公司。

而另一方面，長期以來一直以家用或業務用遊戲這類舊平臺當主力的遊戲製造商，

圖06｜就算是國外的遊戲大廠也一樣，舊平臺業績停滯、下滑，手機遊戲則是急速成長

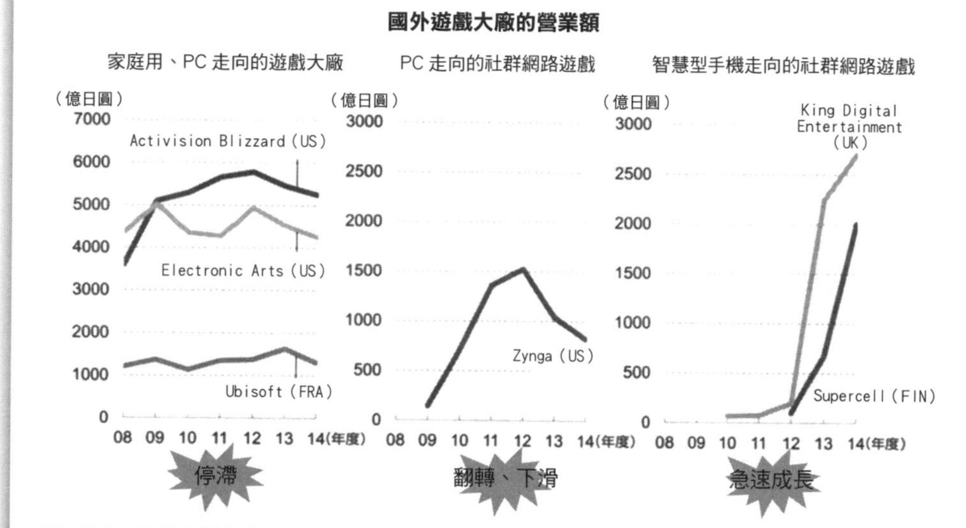

資料：取自各公司結算資料，由 BBT 大學綜合研究所製作

圖07｜能對轉向「智慧型手機」的風潮做出因應的公司，業績長紅

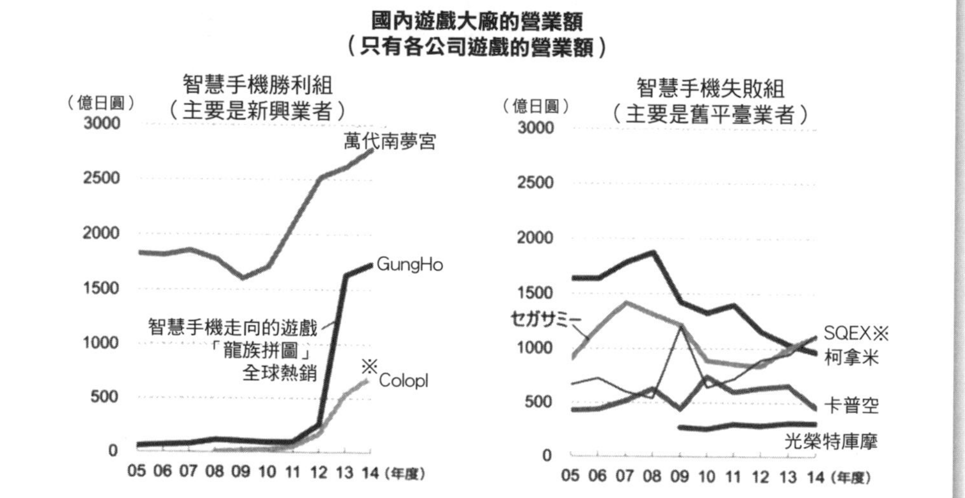

※Colopl 的 2014 年度為預測世嘉颯美

※SQEX= 史克威爾・艾尼克斯

資料：取自各公司結算資料，由 BBT 大學綜合研究所製作

全都陷入苦戰。不過在舊平臺組中，巧妙因應智慧型手機的萬代南夢宮控股（萬代南夢宮ＨＤ）仍舊業績長紅。

萬代南夢宮ＨＤ的致勝原因，在於活用自家公司的角色

那麼，在勝利組當中，營業額領先群倫的萬代南夢宮ＨＤ的致勝原因究竟是什麼呢？該公司將「鋼彈」、「航海王」這類的新舊人氣角色活用在智慧型手機走向的遊戲中，成功拉攏了不同世代的粉絲。看圖08可以明白，家用遊戲的營業額從二〇〇九年起便出現停滯，同時智慧型手機走向的遊戲擴張，帶動該公司的營業額。

任天堂連三期營業出現赤字

暢銷商品的後繼機種成長不如預期

智慧型手機普及時，任天堂雖然因業界的環境劇變而大受衝擊，但多年來還是一

圖08｜萬代南夢宮控股將人氣角色活用在手機遊戲上，這項策略帶動了營業額

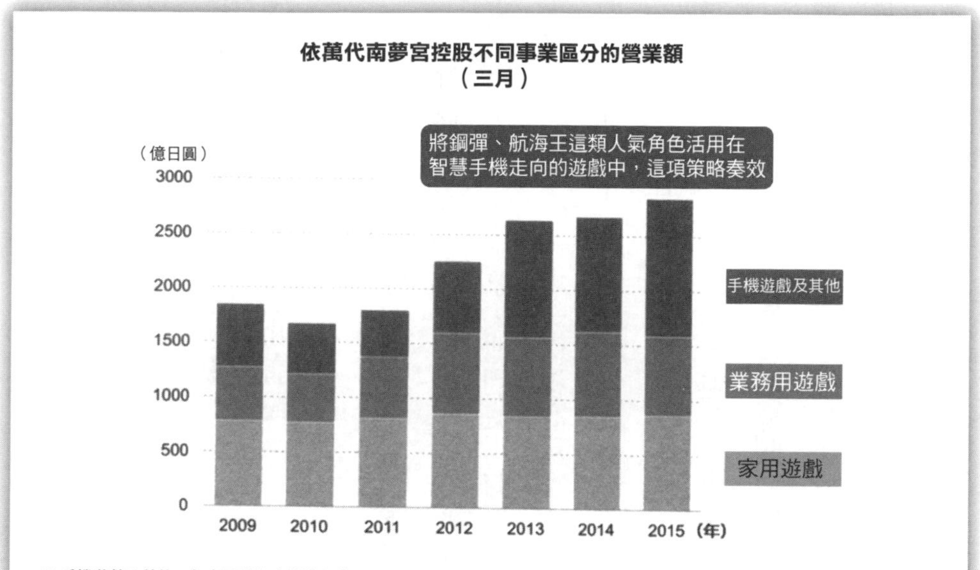
依萬代南夢宮控股不同事業區分的營業額
（三月）
將鋼彈、航海王這類人氣角色活用在
智慧手機走向的遊戲中，這項策略奏效
（億日圓）
3000
2500
2000
1500
1000
500
0
2009
2010
2011
2012
2013
2014
2015（年）
手機遊戲及其他
業務用遊戲
家用遊戲

※ 手機遊戲及其他，包含了影像音樂等內容
資料：取自萬代南夢宮結算資料，由 BBT 大學綜合研究所製作

直在帶動家用遊戲市場。該公司於二〇〇四年發售的攜帶型遊戲機「任天堂DS」，以及二〇〇六年發售的裝設型遊戲機「Wii」全球熱銷，於二〇〇九年三月創下相關企業營業額一・八兆日圓的紀錄。

然而，自二〇一三年三月發布結算以來，第一次出現營業赤字。之後連三期都以營業赤字收場。後繼機種「任天堂3DS」、「Wii U」的銷量不佳，是業績不振的主因。

導致營業赤字還有另一個原因。

看過圖09便會明白，自二〇一一年三月陷入營業赤字後，之後的營業額都在六千億日圓上下，其實與全盛期之前的數字沒多大不同。也就是說，恢復為常態的營業額規模。但任天堂將營業額達巔峰時的成本結構視為常態，並持續這樣的經營模式，才會導致連三期的營業赤字（圖10）。

因為「朝智慧型手機轉移」，任天堂的致勝模式就此崩毀

那麼，為什麼全球暢銷的任天堂商品，成長會不如預期呢？

從圖11可以看出，從特地將主機連接電視玩遊戲，不斷改買硬體和軟體的核心玩家，乃至於休閒玩家，他們使用的平臺已廣為分散。其中，智慧型手機的普及，尤其擴大了休閒玩家的市場，而核心玩家的市場則是日漸萎縮。過去一直支持任天堂的核心玩家正在減少中。

此外，任天堂過去都開發孩童、家庭走向的商品，企圖與其他公司做出區隔，但光憑這樣的路線已無法滿足現今的市場需求（圖12）。

圖13是以遊戲業界的環境劇變所歸納出的圖表，從中可以看出，在平臺「轉向智慧型手機」的背景下，原本為任天堂致勝模式的「專用硬體與專用軟體合併販售」的商業模式，已不再發揮功能。

圖09｜因為Wii（裝設型）和DS（攜帶型）的全球熱賣，營業額在巔峰期創下1.8兆日圓的紀錄

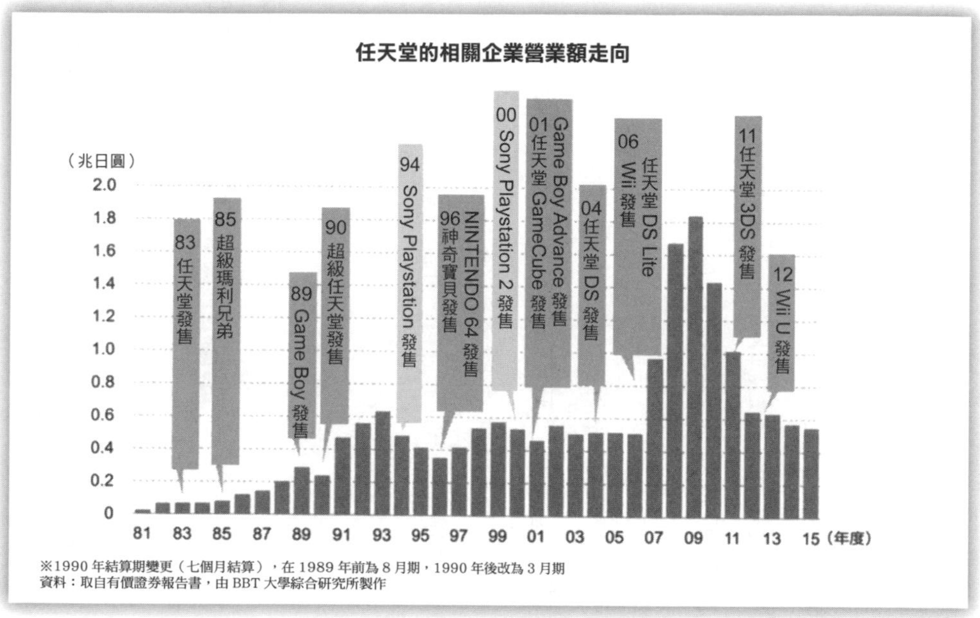
任天堂的相關企業營業額走向
（兆日圓）
83 任天堂發售
85 超級瑪利兄弟
89 Game Boy 發售
90 超級任天堂發售
94 Sony Playstation 發售
96 神奇寶貝發售 NINTENDO 64 發售
00 Sony Playstation 2 發售
01 任天堂 GameCube 發售 Game Boy Advance 發售
04 任天堂 DS 發售
06 Wii 發售 任天堂 DS Lite
11 任天堂 3DS 發售
12 Wii U 發售
（年度）
※1990 年結算期變更（七個月結算），在 1989 年前為 8 月期，1990 年後改為 3 月期
資料：取自有價證券報告書，由 BBT 大學綜合研究所製作

圖10｜後繼機種3DS（攜帶型）、Wii U（裝設型）銷路不佳，連三期出現營業赤字

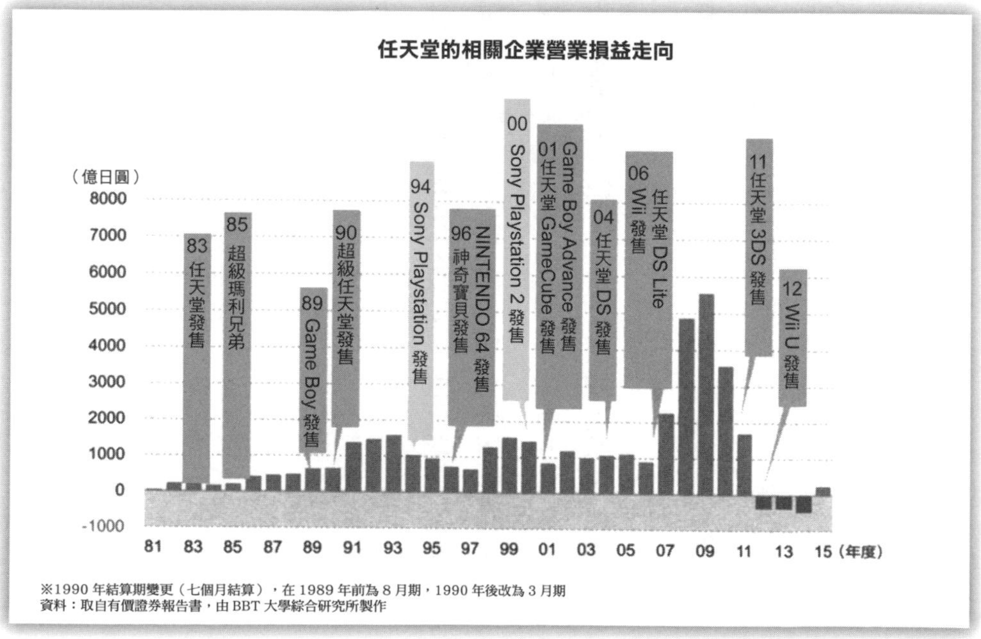
任天堂的相關企業營業損益走向
（億日圓）
83 任天堂發售
85 超級瑪利兄弟
89 Game Boy 發售
90 超級任天堂發售
94 Sony Playstation 發售
96 神奇寶貝發售 NINTENDO 64 發售
00 Sony Playstation 2 發售
01 任天堂 GameCube 發售 Game Boy Advance 發售
04 任天堂 DS 發售
06 Wii 發售 任天堂 DS Lite
11 任天堂 3DS 發售
12 Wii U 發售
（年度）
※1990 年結算期變更（七個月結算），在 1989 年前為 8 月期，1990 年後改為 3 月期
資料：取自有價證券報告書，由 BBT 大學綜合研究所製作

重新建構平臺戰略，擴大目標

因應轉向智慧型手機的趨勢，拉攏休閒玩家

根據以上的因素，我們來思考任天堂今後的方向性吧。

由於轉向智慧型手機的趨勢，使得任天堂以往的商業模式失去作用，因而需要重新建構包含智慧型手機在內的平臺戰略，甚至是重新建構收益模式。過去只有專用硬體才能玩的遊戲，現在也一併提供給智慧型手機使用，或是反過來吸引智慧型手機玩家轉戰專用硬體等，藉由拆除智慧型手機與專用硬體間的藩籬，來擴大生意目標的人數，這點相當重要。

任天堂過去一直避免加入智慧型手機遊戲市場，但在二〇一五年三月宣布與 DeNA 展開業務與資本合作，展現加入平臺的企圖心。DeNA 包含後端的伺服端在內，擁有開發及提供智慧型手機遊戲的技術。任天堂勢必得和 DeNA 聯手建構智慧型手機時代的全新收益模式。

圖11｜遊戲玩家的基本盤不斷擴大，不過平臺也不斷多元化、分散化

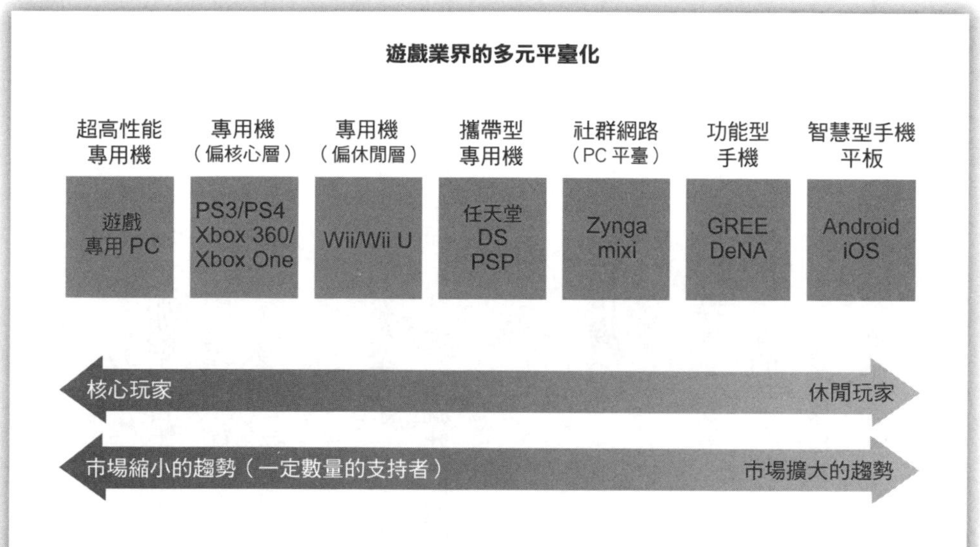
遊戲業界的多元平臺化
超高性能專用機
專用機（偏核心層）
專用機（偏休閒層）
攜帶型專用機
社群網路（PC 平臺）
功能型手機
智慧型手機平板
遊戲專用 PC
PS3/PS4
Xbox 360/
Xbox One
Wii/Wii U
任天堂
DS
PSP
Zynga
mixi
GREE
DeNA
Android
iOS
核心玩家
休閒玩家
市場縮小的趨勢（一定數量的支持者）
市場擴大的趨勢

資料：BBT 大學綜合研究所

圖12｜任天堂一直企圖以「孩童走向、家庭走向」的玩具定位來突顯差異

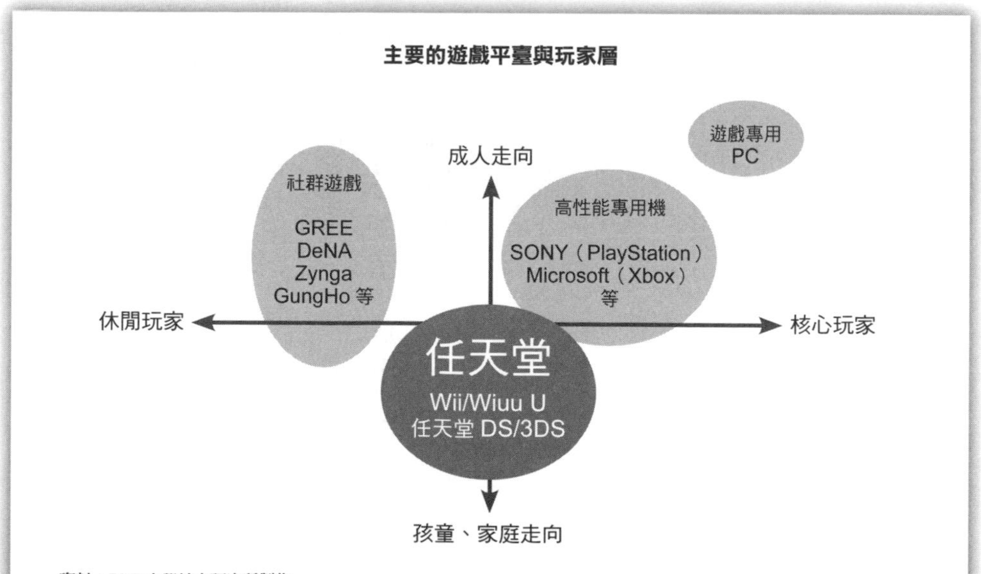
主要的遊戲平臺與玩家層
遊戲專用
PC
成人走向
社群遊戲
GREE
DeNA
Zynga
GungHo 等
高性能專用機
SONY（PlayStation）
Microsoft（Xbox）
等
休閒玩家
核心玩家
任天堂
Wii/Wiuu U
任天堂 DS/3DS
孩童、家庭走向

資料：BBT 大學綜合研究所製作

從攜帶型專用機轉向智慧型手機APP

比裝設型遊戲機更加陷入苦戰的，是攜帶型專用機。

「任天堂3DS」的銷售不如預期，軟體也一片低迷。攜帶型專用機比裝設型遊戲機更難與智慧型手機遊戲和平共存，要恢復原有的市場應該是有所困難。我認為這時應該咬牙退出攜帶型專用機市場，改為提供智慧型手機走向的遊戲APP，採取這樣的戰略才會奏效。任天堂雖然失去了一個平臺，但如圖04（九五頁）所示，藉由拉攏人數眾多的智慧型手機用戶，基本盤就此擴展開來，營業額也將就此增加。

活用既有的內容，加入智慧型手機遊戲市場

智慧型手機遊戲市場不斷成長，這是可以確定的事，但競爭也多，要提高收益並不容易。因此，可以充當王牌的，就是活用自家公司的內容。將「超級瑪利歐兄弟」或「神奇寶貝」這類既有的暢銷遊戲移植到智慧型手機遊戲上，將可以一口氣拉進數千萬名遊戲迷。「到頭來還不是炒冷飯……」或許會遭來世人嚴峻的目光看待，但就第一階段來說，這樣就行了。以活用既有的內容當邁出的第一步，先召集用戶，鞏固具有壓倒性的

圖13｜因為業界的環境劇變，任天堂的致勝模式（專用硬體＋專用軟體）就此崩毀

遊戲業界的環境劇變

	智慧型手機普及前		智慧型手機普及後
平臺的變化	以遊戲專用機為主	→	以智慧型手機為主，多樣化
收益模式的變化	以套件販售為主	→	以定額費用制、下載收費為主
開發環境的變化	人數多、資本高	→	人數少、資本低
流通構造的變化	店面販售	→	下載販售
用戶的變化①	以核心玩家為主	→	以休閒玩家為主
用戶的變化②	離線	→	線上化、社群化

資料：BBT大學綜合研究所製作

圖14｜因平臺轉向智慧型手機，任天堂的收益模式恐就此崩毀

任天堂的現狀與根本問題

	現狀	根本問題
公司狀況	．專用硬體＋專用軟體為獲利的主要來源 ．以兒童走向、家庭同樂為鎖定目標 ．連三期營業赤字 ※	恐怕會因平臺轉往智慧型手機而造成獲利模式崩毀
市場狀況	．平臺急速轉往智慧型手機，往多元平臺發展 ．業界的獲利結構、開發環境、流通結構、使用者族群，產生大幅變化	
競爭對手的狀況	．舊平臺走向（家庭用、PC）的大公司都業績低迷 ．萬代南夢宮…版權角色對應智慧型手機遊戲 ．智慧型手機走向的新興企業抬頭	

※2015年度營業轉為黑字
資料：BBT大學綜合研究所製作

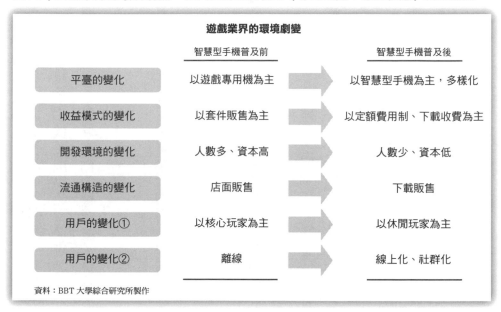

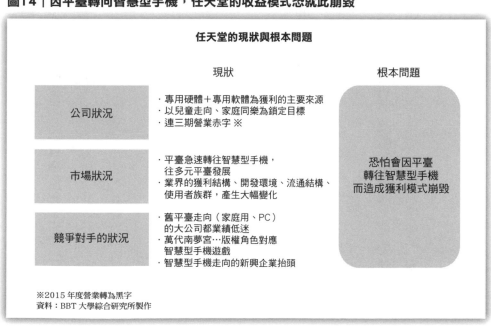

平臺基礎後，再開發後續的智慧型手機遊戲，這樣才是明智之舉。

現在智慧型手機遊戲以免費提供APP，在APP內收費的免費增值為主流。任天堂應該趁著和DeNA合作的機會，一併檢討獲利模式的轉向才對。

投資新興製造商，創造新的內容

保有充沛的資金，留住優秀的開發者

就算再怎麼經營不振，任天堂還是握有充沛的手頭流動資金。保有這筆資金，對開發獨特遊戲APP的新興製造商進行投資，這樣就不會只仰賴既有的內容，而能開發新的智慧型手機遊戲。

近來Supercell業績長紅，全球也有許多像它這樣的新興遊戲製造商。只要建構出具壓倒性的平臺，然後做出「我會投資你」的保證，一定就能延攬到優秀的遊戲開發者。

曾創下一．八兆日圓營業額的全盛期，恐怕是不會再有了。「撤出攜帶型專用機，

圖15｜撤出攜帶型專用機，透過DeNA的技術，強化與智慧手機或大型遊戲的合作

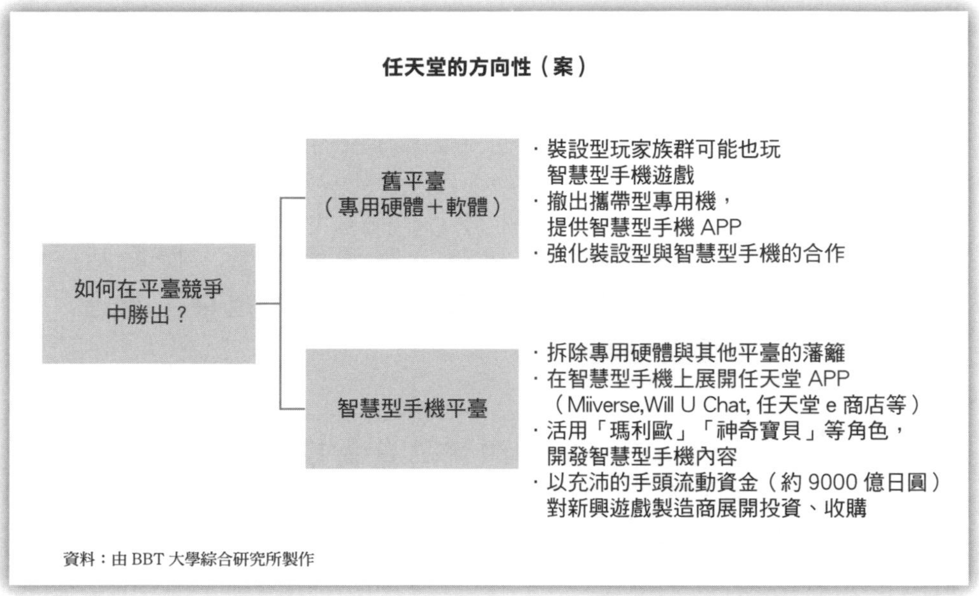
任天堂的方向性（案）
如何在平臺競爭中勝出？
舊平臺（專用硬體＋軟體）
・裝設型玩家族群可能也玩智慧型手機遊戲
・撤出攜帶型專用機，提供智慧型手機 APP
・強化裝設型與智慧型手機的合作
智慧型手機平臺
・拆除專用硬體與其他平臺的藩籬
・在智慧型手機上展開任天堂 APP（Miiverse,Will U Chat, 任天堂 e 商店等）
・活用「瑪利歐」「神奇寶貝」等角色，開發智慧型手機內容
・以充沛的手頭流動資金（約 9000 億日圓）對新興遊戲製造商展開投資、收購
資料：由 BBT 大學綜合研究所製作

並提供智慧型手機APP」、「活用既有內容，開發智慧型手機遊戲」、「投資創造出暢銷遊戲的新興遊戲製造商」。要全力投入以上三點，重新建構商業模式。這就是我對「如果你是任天堂的社長，趁著和DeNA合作的機會，要如何成為智慧手機時代的遊戲市場霸主？」所下的結論。

歸 **納**

- ✔ 撤出攜帶型專用機，提供智慧型手機 APP，拆除專用機與智慧型手機間的藩籬，以拉攏使用者。

- ✔ 活用「超級瑪利歐兄弟」等暢銷遊戲，開發智慧型手機遊戲。把既有的支持者拉進來，鞏固新市場的基礎。

- ✔ 以任天堂充沛的手頭流動資金投資新興遊戲製造商，不光仰賴既有的內容，投入智慧手機遊戲的開發中。

大前的總結

愈是成功的企業，
愈是會被「革新的猶豫」給絆倒

和個案 1 的可口可樂一樣，「拿出勇氣，認識既有的勝利模式已功能不全的事實」，這點非常重要。當你還在對改革猶豫不前時，市場將會被新興企業所創造出的革新給一把搶走。

CASE 5

Canon

業界的危機，「生存下去」的戰略

如果你是Canon的CEO，
在辦公機器、相機這類核心事業成長停滯的局面下，
面對新事業的培育，你該如何掌舵？

DATA

正式名稱	Canon 股份有限公司
設立	一九三七年八月
代表人	代表取締役會長兼社長 CEO 御手洗富士夫
總公司所在地	東京都大田區
行業	電器
事業內容	事務用機器、各種印表機、相機、曝光裝置等
資本額	一七四七億六二〇〇萬日圓（二〇一四年十二月三十一日）
營業額	公司本身二兆八四二億日圓（二〇一四年十二月期） 相關公司三兆七二七億五二〇〇萬日圓（二〇一四年十二月期）
官方網站	http://www.coca-colacompany.com/

※2015年6月現在

代表日本的世界級企業——Canon主力事業一片低迷的現狀

以龐大的營業額傲人的精密機器製造商

在為數眾多的精密機器製造商當中，Canon身為代表日本的世界級企業，向來以其龐大的營業額傲人。二〇一四年十二月時的營業額為三・七兆日圓。細看其內容後得知，像雷射印表機（23.1%）、影印機（19.4%）、商用、產業用印表機等（16.2%）、噴墨印表機（9.8%），這四個部門所構成的辦公機器，就將近占了總營業額的七成，是其事業的重要支柱（取自Canon的結算資訊。以下亦同）。

而另一個支柱，是占總營業額23.1%的相機相關機器。它包含了數位相機、攝影機、鏡片。

除此之外，產業機器占了8.3%（其中，用於半導體或液晶面板製作上，以雷射光來讓電路板顯影的曝光裝置，占了2.4%）。

圖01｜營業額、利潤皆一片低迷

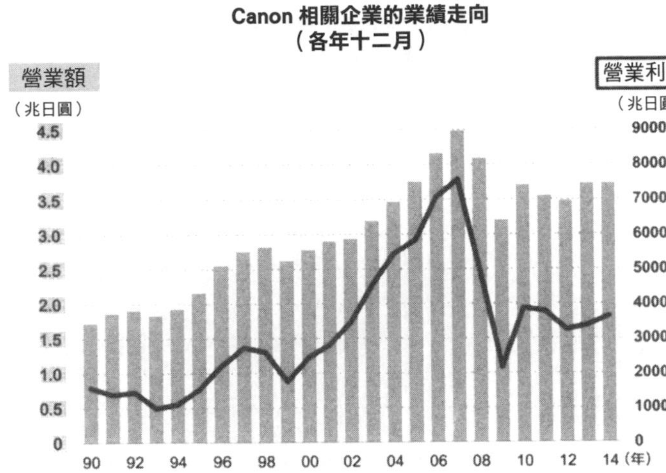
Canon 相關企業的業績走向
（各年十二月）
營業額
（兆日圓）
營業利潤
（兆日圓）
4.5
4.0
3.5
3.0
2.5
2.0
1.5
1.0
0.5
0
9000
8000
7000
6000
5000
4000
3000
2000
1000
0
90
92
94
96
98
00
02
04
06
08
10
12
14（年）

資料：取自 Canon 結算資料，由 BBT 大學綜合研究所製作

事業支柱的辦公機器、相機相關機器的營業額低迷

Canon 約三・七兆日圓的營業額，雖然數字完全勝過其他競爭公司，但二〇〇七年達到四・五兆日圓的巔峰後，相關企業的營業額便一直低迷不振，從雷曼兄弟連動債事件後便遲遲無法恢復（圖01）。

而在營業利潤上，巔峰時的利潤將近八〇〇〇億日圓，但現在則為三六〇〇億日圓左右，而且從二〇〇七年後便不見起色。

主要原因是主力事業的辦公機器、相機相關機器買氣低迷（圖02）。此外，看不同產品的營業額也會發現，自二〇〇七、〇八年起，雷射印表機、影印

圖02｜主力事業的辦公機器、相機相關機器低迷

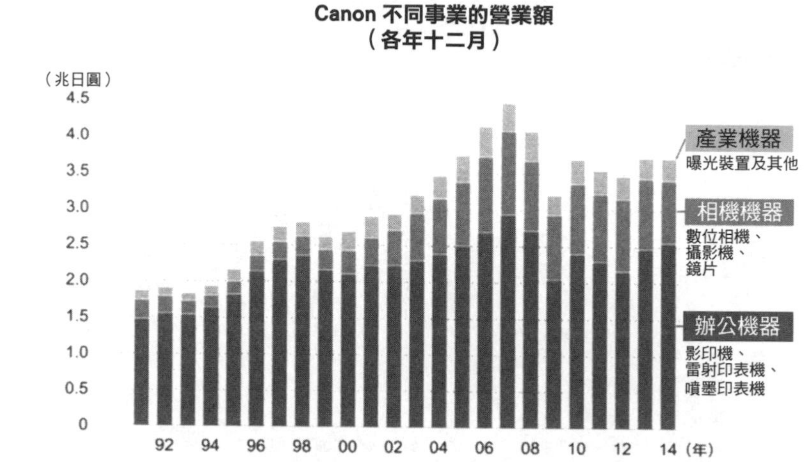

※ 取自結算資料，由 BBT 大學綜合研究所重新統計，「相機相關機器」「產業機器」以外，全都歸類為「辦公機器」
資料：取自 Canon 資訊，由 BBT 大學綜合研究所製作

圖03｜雷射印表機、影印機、噴墨印表機、相機等主力事業，全都一片低迷

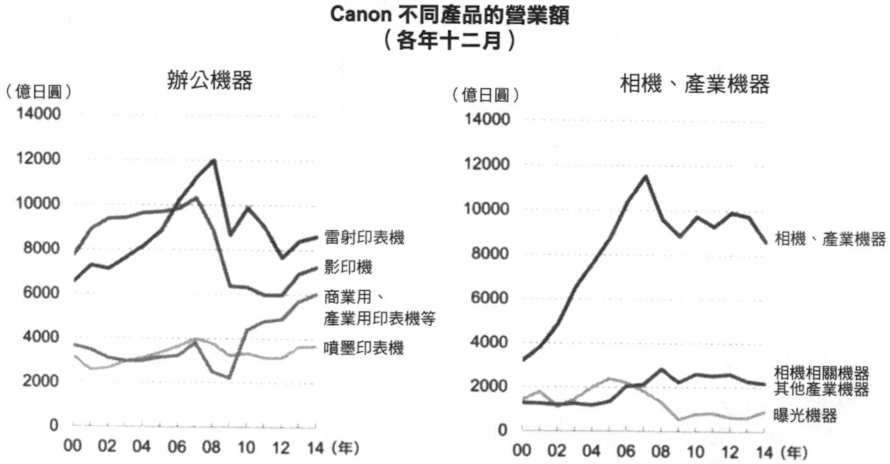

資料：取自 Canon 結算資訊，由 BBT 大學綜合研究所製作

機、噴墨印表機、相機相關機器全都一片低迷（圖03）。

我們就來分析一下這些主力事業低迷的背景吧。

辦公機器的業界構造以及競爭環境的改變

價格不斷降低，競爭白熱化的影印機業界

影印機、印表機的全球生產臺數，雷射印表機幾乎持平，噴墨印表機則有大幅減少的傾向，至於影印機則是恢復到雷曼兄弟連動債事件前的水準（取自《中日社　印表機市場的全貌二〇一三》、《電子機器年鑑各年版》）。

以圖04來看不同品牌的市占率後發現，雷射印表機以美國的惠利特・普克德（以下簡稱ＨＰ）市占率最高，占了將近四成，而韓國三星電子緊追在後。Canon為6.6％，算是偏低，但ＨＰ製的雷射印表機有大半都是由Canon代工提供，若將它也算在內，那麼以生產製造商的市占率來看，Canon為黑白雷射印表機44.7％、彩色雷射印表機40.8％，具有頂極的市占率，傲視全球（圖05）。

然而，原本是由日系製造商寡占的市場，現在韓國三星電子也打進了第二的排名，顯現出新興國製造商帶來商品同質化的徵兆。

所謂的商品同質化，是指在同一種產品範疇中，品質、功能、形狀等具有差異的特性消失，對顧客而言，不論買哪件商品都一樣的一種狀態。

在不同噴墨印表機品牌的市占率方面，Canon 僅次於美國ＨＰ，位居第二。ＨＰ製的噴墨印表機同樣也是代工製造，所以生產製造商的市占率也不同。詳細資料在此省略，不過情況是臺灣的鴻海26％位居第一、Canon 25％位居第二、精工愛普生16％位居第三，除此之外，許多臺灣、亞洲系的ＥＭＳ（電子專業製造服務）也占有一席之地。所謂的ＥＭＳ，是數位家電產品的承包製造專業公司及服務，承接不具生產設備的製造商委託生產。

換言之，噴墨市場的商品同質化已愈演愈烈，業界的需求減少和低價化的情況都愈來愈嚴重。

因此，要藉由硬體的販售來謀取利潤已極為困難，像美國的利盟和柯達等老字號的製造商，都已撤出噴墨印表機的市場。

另外，向來噴墨印表機都是採取硬體廉價販售，然後以高價的正牌墨水賺取利潤的商業模式，但是在非正牌墨水以及充填墨水的泛濫下，使得正牌墨水也落入非得用大容量以及低價的方式來加以對抗的局面中。俯瞰噴墨市場的未來性，可說是已沒有大幅成

圖04｜雷射、噴墨印表機的商品同質化愈來愈嚴重，影印機、複合機世界排名第二

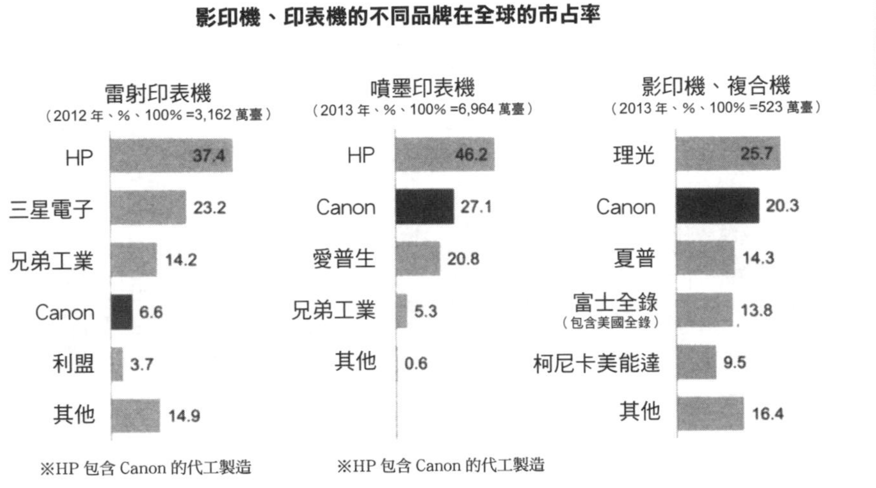
影印機、印表機的不同品牌在全球的市占率
雷射印表機
（2012 年、%、100% =3,162 萬臺）
HP 37.4
三星電子 23.2
兄弟工業 14.2
Canon 6.6
利盟 3.7
其他 14.9
※HP 包含 Canon 的代工製造
噴墨印表機
（2013 年、%、100% =6,964 萬臺）
HP 46.2
Canon 27.1
愛普生 20.8
兄弟工業 5.3
其他 0.6
※HP 包含 Canon 的代工製造
影印機、複合機
（2013 年、%、100% =523 萬臺）
理光 25.7
Canon 20.3
夏普 14.3
富士全錄（包含美國全錄） 13.8
柯尼卡美能達 9.5
其他 16.4

資料：取自中日社《電子機器年鑑各年版》，由 BBT 大學綜合研究所製作

圖05｜在依照雷射印表機的不同製造商所區分的市占率下，Canon位居龍頭

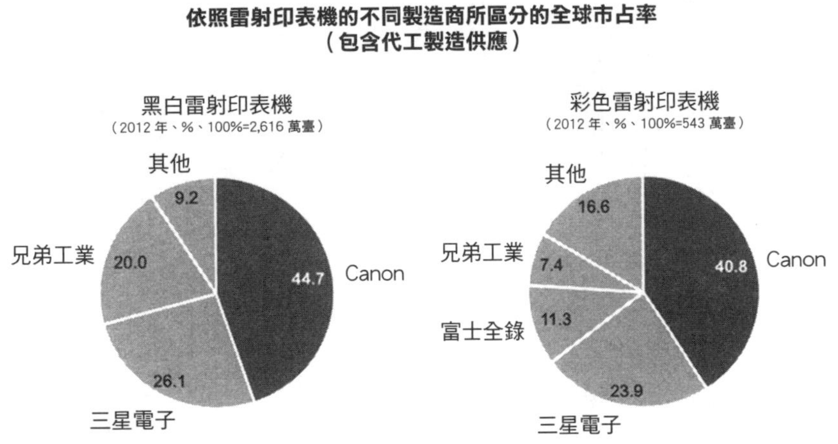
依照雷射印表機的不同製造商所區分的全球市占率
（包含代工製造供應）
黑白雷射印表機
（2012 年、%、100%=2,616 萬臺）
Canon 44.7
三星電子 26.1
兄弟工業 20.0
其他 9.2
彩色雷射印表機
（2012 年、%、100%=543 萬臺）
Canon 40.8
三星電子 23.9
富士全錄 11.3
兄弟工業 7.4
其他 16.6

資料：取自中日社《印表機市場之全貌 2013》，由 BBT 大學綜合研究所製作

長的空間。

影印機、複合機以理光位居第一，接著是Canon、夏普，日本企業寡占全球市占率。日系製造商在這領域的技術優越性相當高，不給新興國家製造商有插足的空間，但近年來，名為Managed Print Services（MPS）的服務備受矚目，影印機、複合機業界出現了轉機。

影印機、複合機業界轉往MPS

過去說到企業走向的印表機服務，都是以一個企業中，各事業所或部門個別簽訂複合機租賃契約的形態為主流。但近年降低成本的意識高漲，所以MPS（Managed Print Services）急速成長，轉為全新的服務模式（圖06）。

MPS不是以事業所為單位，而是對顧客企業所有據點的印表機周邊相關環境設備全部一手包辦，是一種全新的運用外包服務。提供MPS的企業，會對顧客的利用狀況進行調查、分析，提出最適合的印刷環境，幫忙降低印刷成本。但MPS對製造商而言是擴大市占率的機會，同時也與顧客企業的降低成本有關，所以就整體業界來說，製造商會率先削減印表機的需求，可說是一種「兩面刃」的服務。儘管如此，既然其他競爭公司以MPS來搶奪市占率，也只能跟著奉陪了。

圖06｜影印機業界轉向MPS（Managed Print Services）等複合服務模式

印表機事業的商業模式比較

	主力機器	商業模式	特徵	主要收入
企業走向	雷射複合機	MPS	顧客企業的所有據點全部一手包辦	租賃契約金＋列印張數費用
		租賃契約	以事業所、部門單位簽約	
家庭、小型辦公室走向	噴墨複合機	販售機器＋販售消耗品	使用者購買機器及消耗品	機器販售金＋消耗品販售金

資料：由BBT大學綜合研究所製作

MPS的全球市占率，以美國全錄居首位

MPS的全球市場目前已超越八〇〇億日圓，而位居首位的是美國全錄／富士全錄。排名第二的是理光。這兩家日本公司便占去全球市占率的一半（圖07）。

在國內市占率方面，富士全錄占65%，具有壓倒性的強勢，排名第二的是理光21%。Canon為7%，落後其他競爭公司一大截。在各家製造商都全力擴充MPS的情勢下，Canon仍執著於以往的商業模式，只賣自家公司的產品，結果很晚才跨足MPS市場，至今市占率仍不見成長。

如上所述，雷射印表機、噴墨印表機、影印機、複合機正在迎接業界的轉機，整體會慢慢轉向很難有利潤可圖的市場環境。

因智慧型手機的急速普及而被奪走市占率的數位相機

數位相機的全球出貨臺數降到巔峰時的一半不到

接著我們來看看 Canon 另一個主力事業——相機相關機器事業的情況吧。

如圖08所示，Canon 的輕便型數位相機、可換鏡頭式相機（單眼相機），在全球市占率都獨占鰲頭，但如前所述，自二〇〇七年起便一片低迷。

原因在於市場整體的需求減少與單價下跌。

看圖09可以明白，數位相機的全球出貨臺數在二〇〇八年達到十年來的最高峰，之後便急速減少，目前連巔峰期的一半都不到。這段時間，附相機功能的智慧型手機急速普及，以低價位為主，一口氣奪走人們對數位相機的需求。

圖07｜Canon慢一步搶進MPS

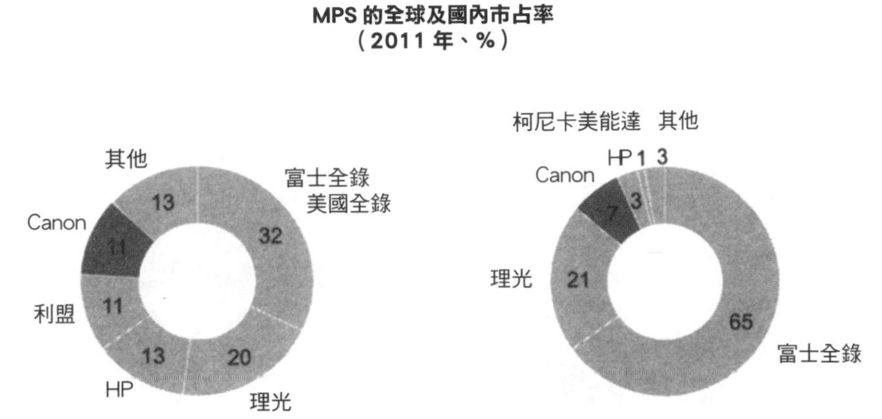

資料：取自 Gartner、東洋經濟新報社《四季報業界地圖 2014》2013，由 BBT 大學綜合究所製作

圖08｜數位相機排名世界第一，尤其是可換鏡頭式相機更是超過市占率四成

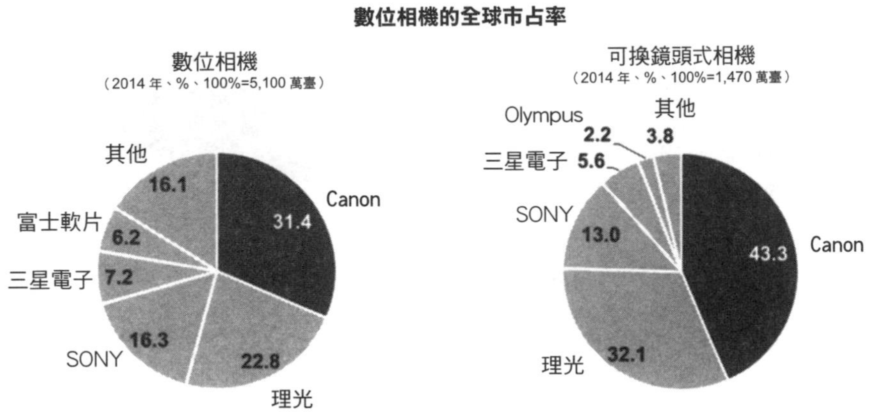

資料：取自 IDC、《日經產業新聞》2015/7/6，由 BBT 大學綜合研究所製作

圖09｜智慧型相機的普及，使得數位相機的全球出貨臺數降到巔峰期的一半不到

相機及智慧型相機的全球出貨臺數

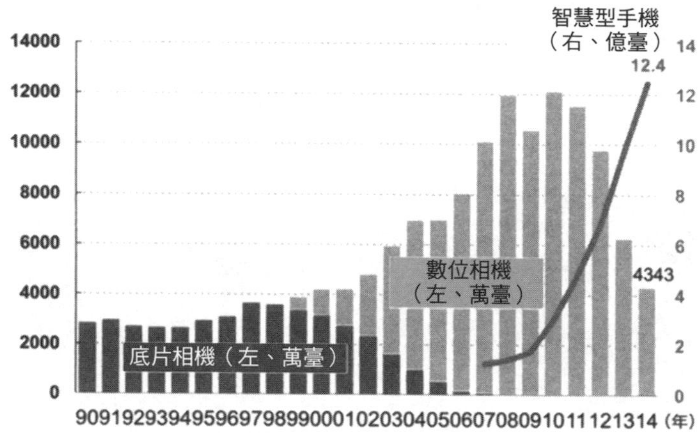

※ 相機是日系製造商的全球出貨臺數

資料：取自相機映像機器工業會（CIPA）、Gartner，由 BBT 大學綜合研究所製作

圖10｜智慧型手機的普及，連鎖性的造成高檔機種的降價壓力

智慧型手機對相機市場的影響

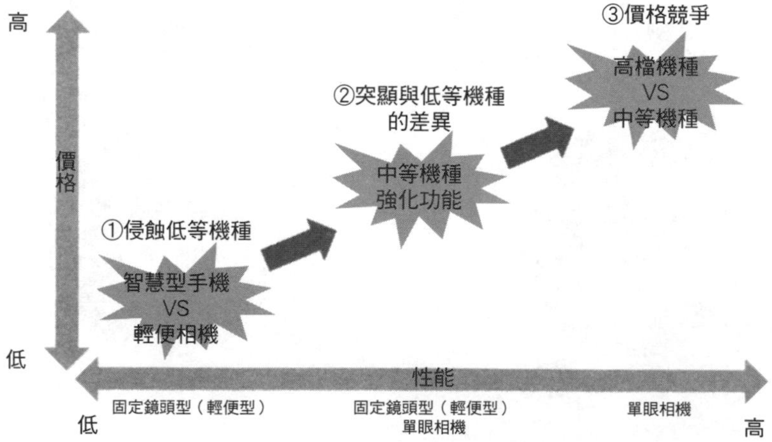

（參考）感光元件尺寸　1/2.3 型　1/1.7 型～全片幅　APS-C~ 全片幅

※ 一般來說，感光元件愈大，也愈高價、高性能

資料：BBT 大學綜合研究所製作

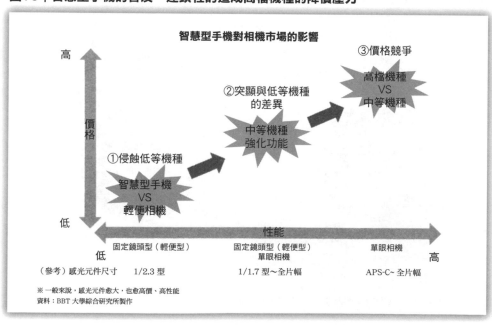

可換鏡頭式相機為高價商品，所以是製造商的重要收益來源，但全球出貨臺數在二〇一二年達到二〇〇〇萬臺的高峰，之後一路減少，二〇一四年降至一三八四萬臺（日系製造商的全球出貨臺數。取自相機映像機器工業會）。

雖然以大型感光元件和高機能鏡片，展現出與低價位的輕便型機種間的差異，但智慧型手機的普及，對位於高價位的可換鏡頭式相機的銷量還是造成了連鎖性影響。

智慧型手機帶來價格下跌的負連鎖

智慧型手機的竄起，為全體相機市場帶來負連鎖（圖10）。

首先是智慧型手機取代了低價位的輕便型數位相機。相機製造商為了謀求與智慧型手機的差異性，強化中等機種的功能，讓陣容更顯充實，結果造成中等機種與高檔機種間的競爭。最後連鎖性的造成高檔機種的需求減少與降價。

從圖11中可以看出，可換鏡頭式相機的平均單價自二〇一一年起便不再下降，但這十年來長期降價，已從一臺十萬日圓左右降至四萬日圓左右。同樣的，固定鏡頭型的（輕便型）相機，平均單價也從一臺四萬日圓降至一萬日圓。

業界全體面臨的危機感，歸納為三個方向性的課題

競爭的各家公司都忙著探索新的收益來源，Canon卻慢了一步

國內各家競爭公司也都從既有市場的低迷現象中察覺到危機感，而忙著探索新的收益來源（圖12）。

例如影印機龍頭理光在促進MPS的同時，也全力強化產業用印刷機的領域。富士底片擴充醫藥、保健事業，讓核心事業繼續成長。與富士底片在影印機方面有合營關係的美國全錄，比其他公司早一步從二〇〇〇年展開MPS，目前擁有全球最高市占率，傲視群雄。柯尼卡美能達除了強化辦公室、醫療機關走向的顯像解決方案外，在商業、產業印刷領域上，也都提高了收益。Nikon則是在探索如何強化顯微鏡、物理化學機器、醫療機器。

Canon也收購了網路攝影機（監視器）大廠——瑞典的Axis公司，開始對業界的結

圖11｜高檔機（更換鏡頭式）的單價雖然已止跌，但長期一直降價

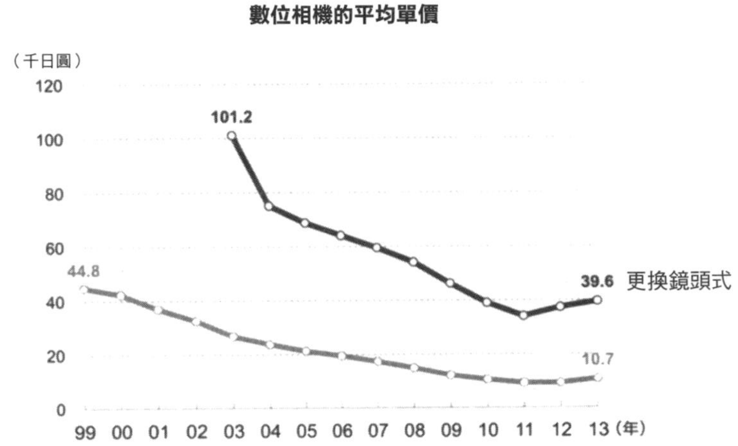

※ 日系製造商的全球出貨基準
資料：取自相機映像機器工業會（CIPA），由 BBT 大學綜合研究所製作

圖12｜既有市場低迷，各家競爭公司都在探索新的收益來源

影印機、印表機、相機，各家製造商的動向

Canon	收購網路攝影機最大製造商 Axis，鎖定相機事業的解決方案事業化 在物理化學機器、醫療機器領域上，探索新事業
理光	強化商業、產業印刷事業（收購生產印刷服務的美國 PTI）強化 MPS 等辦公室走向的解決方案
富士底片	以醫療、保健事業當作核心事業，往這方面成長，並將重點放在電子零件、素材上
美國全錄	MPS 的全球龍頭，在商業、產業印刷領域上也很強勢
柯尼卡美能達	展開辦公室、醫療機關走向的解決方案事業 強化商業、產業印刷領域（收購 Kinkos、英國 Charterhouse） 強化物理化學機器（收購美國顯示器計測裝置大廠）
Nikon	探索如何強化顯微鏡、物理化學機器、醫療機器（診斷機器）
Olympus	內科用內視鏡的全球龍頭。收購外科用內視鏡的英國 Gyrus 公司 與 SONY 在醫療機器領域上合作
SONY	業務用攝影機的全球龍頭，將重點放在半導體（感光元件）上 強化遊戲機和智慧型手機等休閒走向的平臺

資料：取自各公司經營計畫、報導等，由 BBT 大學綜合研究所製作

圖13｜業界的課題共通，各家競爭公司的戰略可歸納出三種主要模式「辦公室走向的解決方案」「醫療、物理化學機器領域」「商業用、產業用印表機」的強化

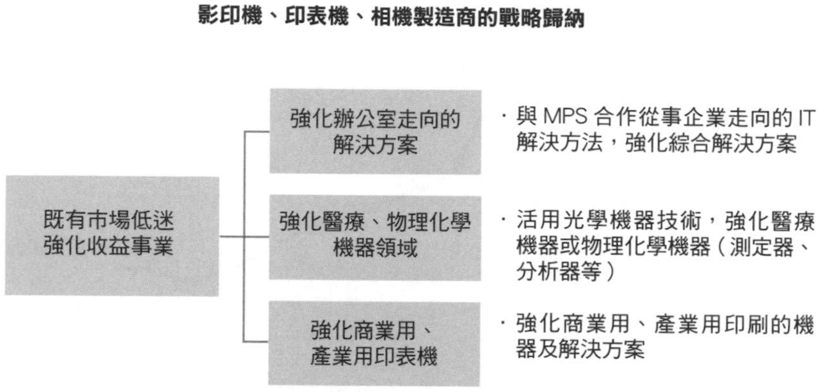
影印機、印表機、相機製造商的戰略歸納
既有市場低迷
強化收益事業
強化辦公室走向的
解決方案
・與MPS合作從事企業走向的IT
解決方法，強化綜合解決方案
強化醫療、物理化學
機器領域
・活用光學機器技術，強化醫療
機器或物理化學機器（測定器、
分析器等）
強化商業用、
產業用印表機
・強化商業用、產業用印刷的機
器及解決方案

資料：BBT大學綜合研究所製作

構變化做因應，但該公司的經營多年來一直都很穩定，所以在因應方面的速度感略嫌遲緩，這點不可否認。

各家競爭公司共通的三項戰略

從圖13也看得出來，各家競爭公司的戰略可歸納出以下三種模式。

一，強化辦公室走向的解決方案。與MPS合作從事企業走向的IT解決方法，提供綜合解決方案。

二，強化醫療、物理化學機器領域。活用自己公司的光學機器技術，提高醫療機器或物理化學機器的市占率。

三，強化商業用、產業用印刷的印表機機器及解決方案。

為了在商場存活，Canon 該採取的現實戰略

業界數一數二的收益力與市價總額乃其強項

就像這樣，各家公司的戰略可歸納為三種模式，在這種情況下，今後 Canon 該如何在商場存活呢？

請看圖14。Canon 全年可賺取超過六〇〇〇億日圓的 EBITDA（支付利息前、扣稅前、折舊前的利潤。一般都是以營業利潤加上折舊費來計算），市價總額為五・四兆日圓，遠勝其他競爭公司，比排名第二的 SONY 多出約一兆日圓以上。排名第三的富士底片為二・三兆日圓，排名第四的美國全錄為一・五兆日圓，連同這兩家公司合營的富士全錄也算在內，Canon 有實力將這兩家公司當作收購對象。

以併購戰勝競爭，看準有壓倒性實力的龍頭寶座

基於以上原因，已可看出 Canon 今後該走的方向。那就是運用龐大的收益力與市

圖14｜收益力和時價總額，在業界都具有壓倒性的實力

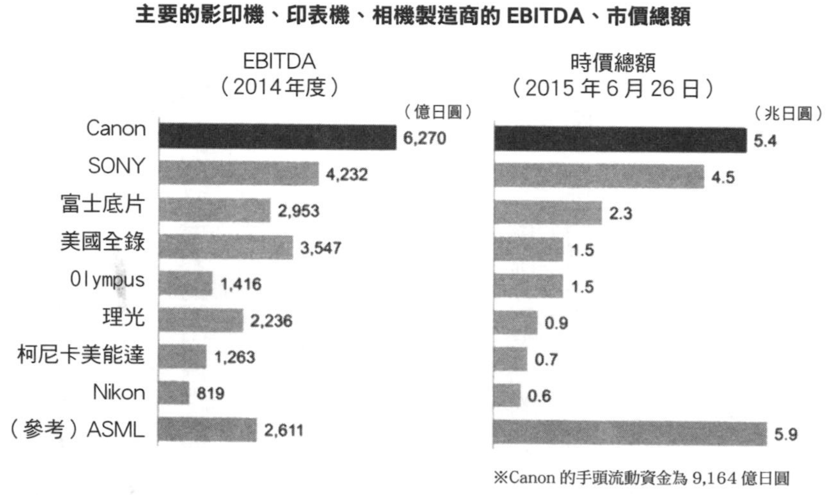
主要的影印機、印表機、相機製造商的 EBITDA、市價總額
EBITDA
（2014年度）
（億日圓）
時價總額
（2015 年 6 月 26 日）
（兆日圓）
Canon
6,270
5.4
SONY
4,232
4.5
富士底片
2,953
2.3
美國全錄
3,547
1.5
Olympus
1,416
1.5
理光
2,236
0.9
柯尼卡美能達
1,263
0.7
Nikon
819
0.6
（參考）ASML
2,611
5.9
※Canon 的手頭流動資金為 9,164 億日圓

資料：取自各家公司結算資料、Yahoo! Finance，由 BBT 大學綜合研究所製作

圖15｜藉由併購，看準各領域有壓倒性實力的龍頭寶座

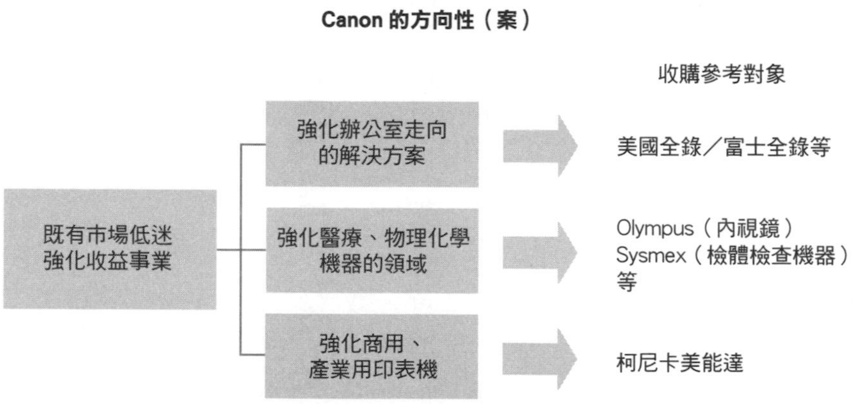
Canon 的方向性（案）
收購參考對象
既有市場低迷
強化收益事業
強化辦公室走向
的解決方案
美國全錄／富士全錄等
強化醫療、物理化學
機器的領域
Olympus（內視鏡）
Sysmex（檢體檢查機器）
等
強化商用、
產業用印表機
柯尼卡美能達

資料：BBT 大學綜合研究所製作

價總額，立刻進行併購，看準各個領域的龍頭寶座。

讓我們順著前面提到的三種模式，來思考要收購的企業吧（圖15）。

首先，針對辦公室走向的解決方案，應該是以 MPS 在全球市占率位居龍頭的美國全錄／富士全錄最為適當吧。富士全錄是富士底片控股握有75%股權的相關子公司。收購富士全錄就如同是收購富士底片，所以同時還能強化醫藥、保健事業。

接著是醫療、物理化學機器領域，像擅長做內視鏡的 Olympus、擅長製造檢體檢查機的 Sysmex，都是可收購的企業。Sysmex 的總公司位於兵庫縣神戶市，為醫療機器製造商。二〇一二年，SONY 成為 Olympus 的最大股東，與它締結資本和業務的合作，但早在那時候，Canon 就應該出面收購才對。

在商業用、產業用印表機方面，可以考慮理光，但基於公平交易法的考量，不能這麼做。因此，收購 Kinkos、英國的 Charterhouse，強化這個領域的柯尼卡美能達，是很適合的選擇。雖然也想選擇擅長曝光裝置的荷蘭 ASML，但該公司的市價總額在 Canon 之上，要收購應該有困難。

現今相機相關機器、影印機業界全體一片低迷，只憑以往的商業模式或自家公司的產品就想捲土重來，有其極限。針對辦公室走向的解決方案、醫療和物理化學機器領域、商業用和產業用印表機這三項收益事業，透過收購來加以強化，看準各領域具有壓倒性實力的龍頭寶座。我認為這就是因核心事業低迷而成長不如預期的 Canon 所該採取的

歸 納

- 針對辦公室走向的解決方案、醫療和物理化學機器領域、商業用和產業用印表機這三項收益事業，加以強化。

- 要戰勝其他競爭公司，得透過併購來搶占各領域的龍頭寶座。在辦公室走向的解決方案在，以美國全錄／富士全錄為收購對象，在醫療、物理化學機器領域上，以 Olympus、Sysmex 為收購對象，而在商業用、產業用印表機方面，則是以柯尼卡美能達為收購對象，並檢討其可行性。

大前的總結

併購不問企業規模大小，是基本的經營技能

在現今這個出現競爭對手，且顧客需求變化多端的時代，併購是重要的經營技能之一。從小案件開始，要在公司內不斷累積這方面的技術，這點很重要。例如雀巢已進行了將近一百次的併購案，深深將這項技術植入企業的染色體中。

CASE 6

小米

「地方企業」瞄準世界第一

如果你是**小米**的CEO，
在眾多製造商廝殺的智慧型手機市場裡，
要採取何種戰略來取得世界龍頭寶座呢？

DATA

正式名稱	小米科技（Xiaomi Inc.）
設立	二〇一〇年
代表人	董事長兼CEO 雷軍
總公司所在地	中華人民共和國北京市
行業	通訊機器、軟體
事業內容	智慧型手機終端的製造、販售
官方網站	http://www.mi.com/

※2015年1月現在

成長飛快，躍居全球第三的智慧型手機製造商

創業四年，營業額超過一兆日圓

小米是中國的新興智慧型手機製造商。

CEO雷軍曾受蘋果的賈伯斯影響，這件事聞名遐邇，而他在二〇〇七年之前一直都是中國的一家大型軟體公司金山軟件的CEO，之後以天使投資人的身分從事活動，於二〇一〇年創立小米。創業僅短短四年，便急速竄升為全球排名第三（二〇一四年第三季度時）的智慧型手機製造商，備受矚目。

該公司的營業額也隨著智慧型手機的販售臺數而急速攀升。二〇一二年逾二〇〇〇億日圓，二〇一三年將近達六〇〇〇億日圓，而在中國大為暢銷的二〇一四年，甚至達到逾一兆四〇〇〇億日圓的營業額（取自各種報導、小米公開資料）。創業短短四年，便已成長為營業額破1兆日圓的巨大企業。

在中國國內已是市占率第一

我們以圖01來看二〇一四年第三季度的智慧型手機市占率吧。全球以三星電子位居龍頭，約占24％，位居第二的蘋果占12％、第三的小米占5.3％，聯想和LG緊排在後。

如果只限定中國，順序可就不同了，小米位居龍頭，擁有17.4％的市占率。三星電子14.5％排第二，聯想13.4％排第三，中國製造商華為和宇龍緊排在後。

與大企業不同的戰略，引導出破紀錄的成長

急速成長的背景是「水平分工的深化」與「網路普及」

小米的急速成長有兩個背景，一是「水平分工的深化」。如圖02所示，過去的手機或智慧型手機都是以大企業的「自主主義」為主流，從企劃、設計，到零件調度、製造、

圖01｜成長為全球第三，中國第一的智慧型手機製造商

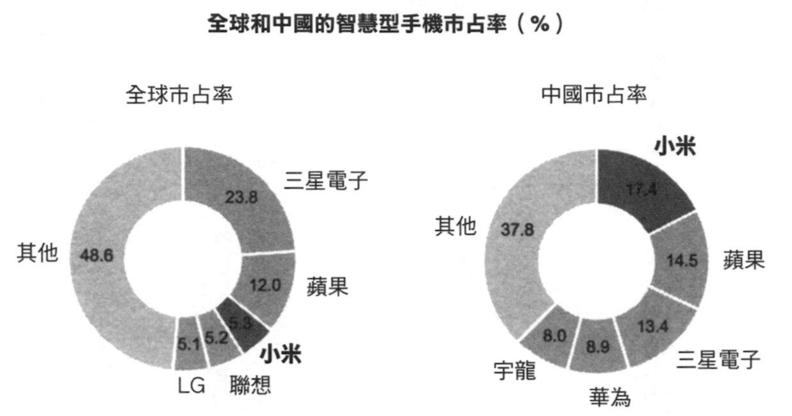

資料：取自 IDC News Release, Dazeinfo《Smartphone Shipments In India, China Q3 2014》2014/11/10，由 BBT 大學綜合研究所製作

圖02｜「水平分工的深化」和「網路普及」是新興智慧型手機製造商急速成長的背景

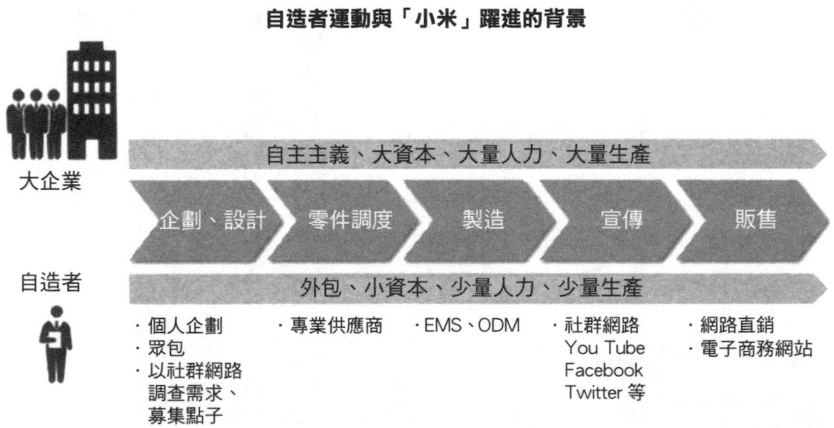

資料：取自 RTOCS《GoPro》2014/4/20，由 BBT 大學綜合研究所製作

宣傳、販售，全都自己一貫完成，這需要龐大的資金和眾多人力。

但近年來，亞洲的製造業，尤其是資訊通訊機器領域的「水平分工的深化」，造成一連串的價值鏈得以輕鬆的「外包」給外部企業處理。在此契機下，只要有企劃或概念，任何人都能成為製造商的這種「自造者運動」變得盛行，即使只有極少的資本和人力，也有辦法創業。

透過眾包（crowdsourcing）和社群網路來進行企劃；零件調度委託專業供應商；製造委託EMS（電子專業製造服務）或ODM（專業電子代工服務），所以自己的公司不必有設備。所謂的ODM，是打出委託者的品牌，從基本設計的階段到產品生產全部承包的一種營業體制。

另一個成長原因「網路的普及」，對手機的販售戰略帶來很大的變化。過去大企業會藉由大量生產來降低製造成本，為了銷售量產的產品，又非得支付一筆高額的廣告費和促銷費不可。

而另一方面，最近也出現名為自造者的新興智慧型手機製造商。自造者是運用網頁或網路等數位工具來從事製造的個人或小規模製造業。由於3D印表機和雷射刀這類的數位工具蓬勃發展，以往只有企業才能製造的物品，現在連個人也能製作，它成為製造業的一股新潮流，持續成長。這股趨勢名為「自造者運動（克里斯安德森〔Chris Anderson〕著《自造者時代：啟動人人製造的第三次工業革命》）」，又稱作全新的產業革命。

自造者運用網路，在YouTube、Twitter、Facebook等社群網路上做宣傳，以網路直銷或限定透過電子商務網站的通路販售，所以能在低成本、少人力的情況下營運。

對設計、規格、價格特別講究，造成熱銷

以小米的情況來說，在設計上參考iPhone，設計則委託給臺灣製造商處理，並使用高功能的核心零件，成功打造出高品味、高規格的智慧型手機（圖03）。

關於亞洲圈的智慧型手機開發，聯發科技這類的臺灣企業影響深遠。由於以便宜的價格提供堪稱是智慧型手機頭腦的ＬＳＩ（大型積體電路）以及整體的設計圖，低價智慧型手機才得以開發。主要的採購者是中國製造商，而這種中國與臺灣的分工，人稱「Chiwan（China+Taiwan）」。

此外，宣傳基本上是在號稱華語版Twitter的「微博」上以口耳相傳的方式展開，幾乎沒花任何廣告和促銷費用。微博是兼具Twitter和Facebook這兩種介面功能的華語圈社群網路媒體。發文在一四〇字內，能以表情文字、圖片、動畫的方式發文。也能對文章進行轉發，或是評論、關注。

圖03｜「高品味」＋「高規格」＋「低價」是熱銷的主因

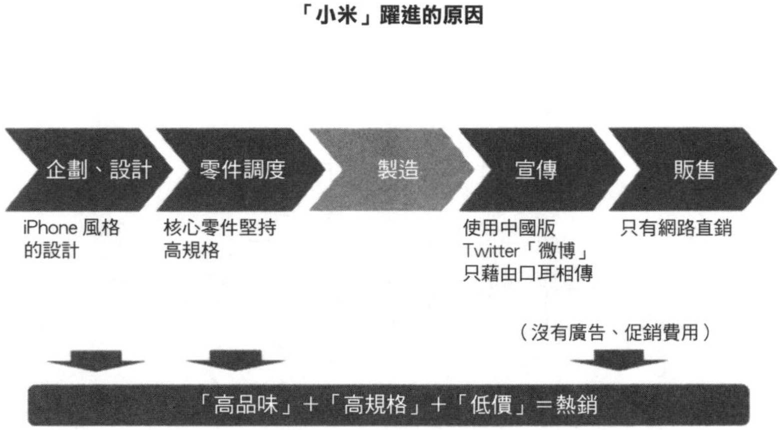
「小米」躍進的原因
企劃、設計
零件調度
製造
宣傳
販售
iPhone 風格的設計
核心零件堅持高規格
使用中國版 Twitter「微博」只藉由口耳相傳
只有網路直銷
（沒有廣告、促銷費用）
「高品味」＋「高規格」＋「低價」＝熱銷

資料：取自各種報導，由 BBT 綜合研究所製作

販售方式也不是採取以往的代理店販售，而是網路直售。

就像這樣，雖然採用了 iPhone 風格的設計和高規格的核心零件，但用在宣傳和銷售的成本控制在最低限度，所以實現了「高品味」、「高規格」、「低價」，造成熱銷。

雖然高規格，但價格不到四萬日圓，只有約 iPhone 的三分之一

圖 04 是中國主要終端製造商的智慧型手機販售價格，蘋果的 iPhone6 Plus 和 iPhone6 這兩個機種的售價分別是十一萬五〇〇二日圓、九萬九八九〇日圓，約十萬日圓左右，三星電子的旗艦

機種 Galaxy S5 為八萬九八五〇日圓，中階機種 Galaxy A7 為五萬六六五一日圓。對此，小米的 Mi 4 為三萬七七六一日圓，約蘋果 iPhone6 Plus 的三分之一，設定的價格非常低。

以平臺獲利的商業模式

以往的終端製造商和小米之間的商業模式也有所不同（圖05）。身為終端製造商的蘋果，自己公司也提供平臺和OS，但始終還是以 iPhone 的手機銷售為主要收入支柱，所以手機價格在十萬日圓上下，算是相當高額。對此，以電子商務為主力的 Amazon 為了擴大電子商務平臺的收益，以低價提供硬體作為入口。而同樣以網路媒體（廣告收入）作為主力的 Google，也是採取低價提供硬體，以平臺獲利的收益模式。

小米雖是終端製造商，但在收益模式上，它跟 Amazon、Google 一樣，都是讓低價格終端普及，標榜採平臺獲利的商業模式。

圖04｜雖是高規格，但價格卻是iPhone 6 Plus的三分之一左右

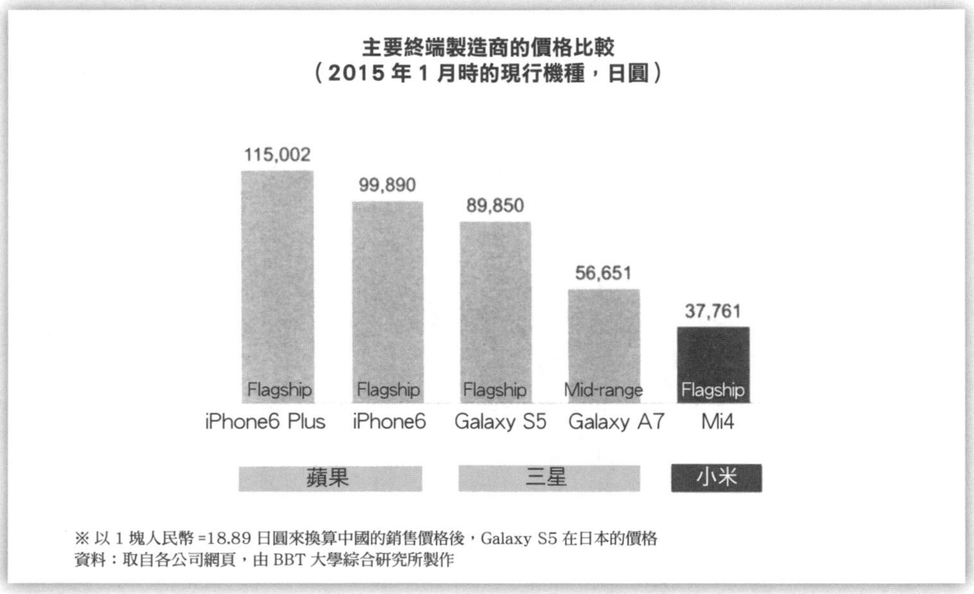

※ 以 1 塊人民幣 =18.89 日圓來換算中國的銷售價格後，Galaxy S5 在日本的價格
資料：取自各公司網頁，由 BBT 大學綜合研究所製作

圖05｜採用壓低終端價格，以平臺或內容獲利的模式

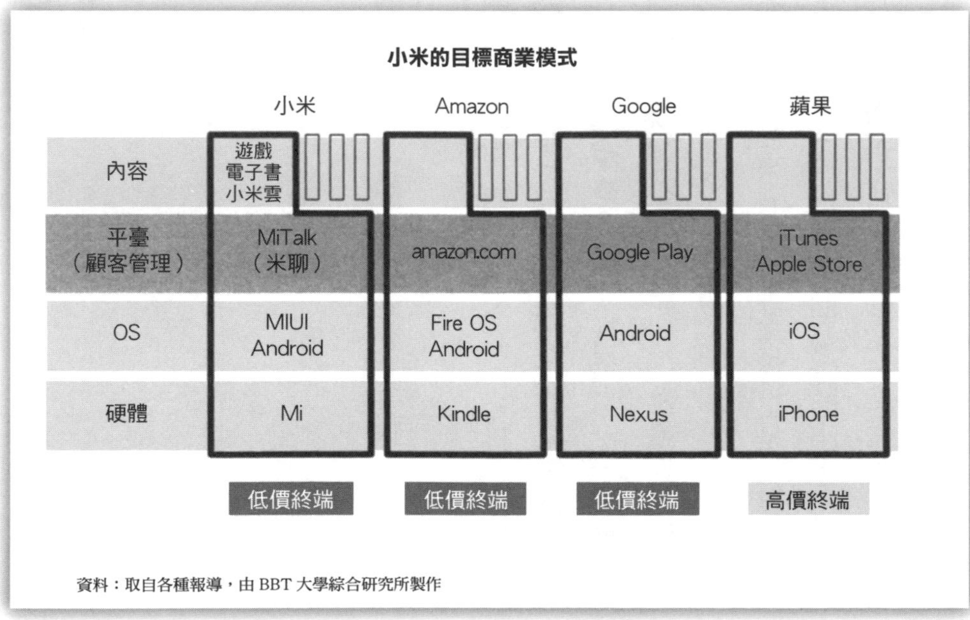

因應中華圈的需求而特製化的成長模式，對全球市場不管用

要全球化，得面臨堆積如山的問題

創業僅短短四年，就在中國擁有市占率第一的小米，今後的目標是要在全球拓展市場，但這面臨了重要的課題。

首先來看小米在全球下是怎樣的狀況，誠如開頭所介紹，照季度來看，它排名全球第三，但與位居龍頭的三星電子之間仍有很大的差距（圖06）。若單就小米的銷售臺數來看，它從二〇一三年到二〇一四年，由原先的一八七〇萬臺大幅成長至六一一二萬臺。但三星電子從二〇一〇年到二〇一三年的銷售臺數，卻是從二三〇〇萬臺成長到三億臺，創下驚人的成長紀錄。

所以小米的成長若以創業四年營業額超出一兆日圓這點來看，或許稱得上是世界紀錄，但三星電子以遠勝過它的速度增加銷售臺數，而且不同於以中華圈為主的小米，是在全球展開。三星電子在二〇一四年售出三億一八〇〇萬臺，比小米的六一一二萬臺高出五倍以上。

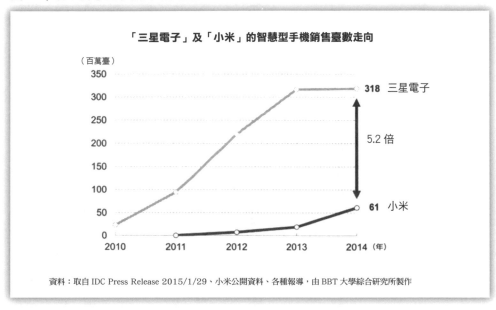

圖06｜現今智慧型手機的銷售臺數，與排名第一的三星電子有5.2倍的差距

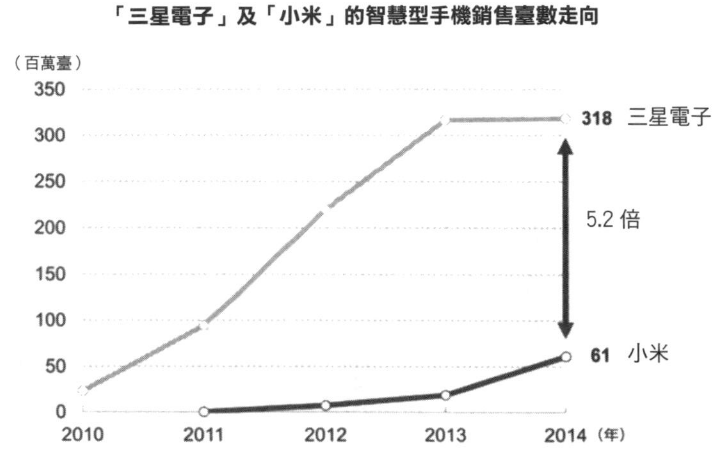
「三星電子」及「小米」的智慧型手機銷售臺數走向
（百萬臺）
350
300
250
200
150
100
50
0
2010
2011
2012
2013
2014（年）
318 三星電子
5.2 倍
61 小米

資料：取自 IDC Press Release 2015/1/29、小米公開資料、各種報導，由 BBT 大學綜合研究所製作

話說回來，小米之所以能在短期內如此急速成長，是因為針對中華圈的當地需求開發出特製化的產品。例如用來宣傳的微博，是在中國國內擁有壓倒性市占率的社群網路。如果要從這裡跨足其他地區，則會面臨各種問題（圖07）。

根據以上的情形，我們就針對小米邁向全球化所面臨的課題，來一一細看。

在手機大幅降價的先進國，低價無法成為優勢

在先進國家市場，光憑低價的要素無法突顯差異，這是個問題。先進國一般都是以手機綁通訊公司的通訊契

約一同販售為主流。舉日本的NTT DOCOMO為例，蘋果iPhone6 Plus的空機價為九萬七二〇〇日圓，但要是綁兩年約，則為二萬四六二四日圓，或是三星電子的Galaxy S5、SONY的Xperia Z3，售價為八萬日圓以上，但若是與MNP（手機號碼可攜服務。就算更換通訊公司，還是能使用原本的手機號碼）簽兩年約，則往往可以手機免費，或是享有大幅折扣（圖08）。

所以站在使用者的立場，就原本的價格來看，就算iPhone或Galaxy比較貴，但實際購買時，看起來卻是小米的Mi比較貴。因此在先進國家，「低價」無法成為優勢。

在新興國家，當地製造商的勢力已明顯崛起

接著討論新興國家市場。小米開發出符合中國當地需求的手機，成功獲利，但地方的需求會隨著國家和地區而有所不同，已有許多製造商針對各種不同需求，開發出符合的手機。

其實縱觀全球，像這樣的地方製造商，其市占率愈來愈高。光看智慧型手機出貨臺數的數據也可以明白，全球前五大公司的市占率年年降低，以二〇一四年來說，像新興製造商這類非大型的製造商，就占了45%（圖09）。

其實在印度，就像圖10所示，排名第一的三星電子擁有24%的市占率，但排名第二

圖07｜因中華圈的地方客製化而成長，至於要全球化，則要面臨更多課題。

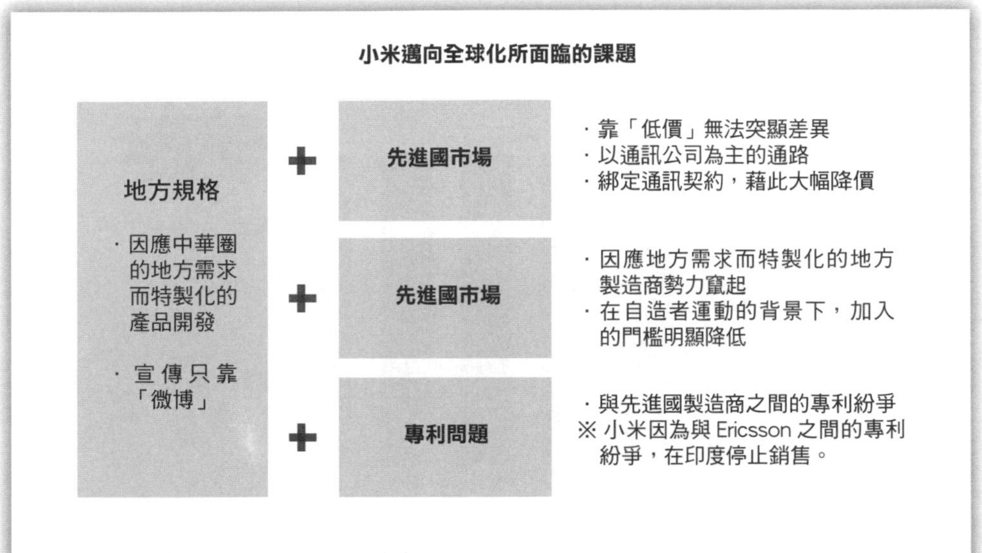

小米邁向全球化所面臨的課題
地方規格
‧因應中華圈的地方需求而特製化的產品開發
‧宣傳只靠「微博」
先進國市場
‧靠「低價」無法突顯差異
‧以通訊公司為主的通路
‧綁定通訊契約，藉此大幅降價
先進國市場
‧因應地方需求而特製化的地方製造商勢力竄起
‧在自造者運動的背景下，加入的門檻明顯降低
專利問題
‧與先進國製造商之間的專利紛爭
※小米因為與 Ericsson 之間的專利紛爭，在印度停止銷售。

資料：取自各種報導，由 BBT 大學綜合研究所製作

圖08｜在先進國家，通訊公司會利用綁約的方式大幅降價，「低價」無法成為優勢

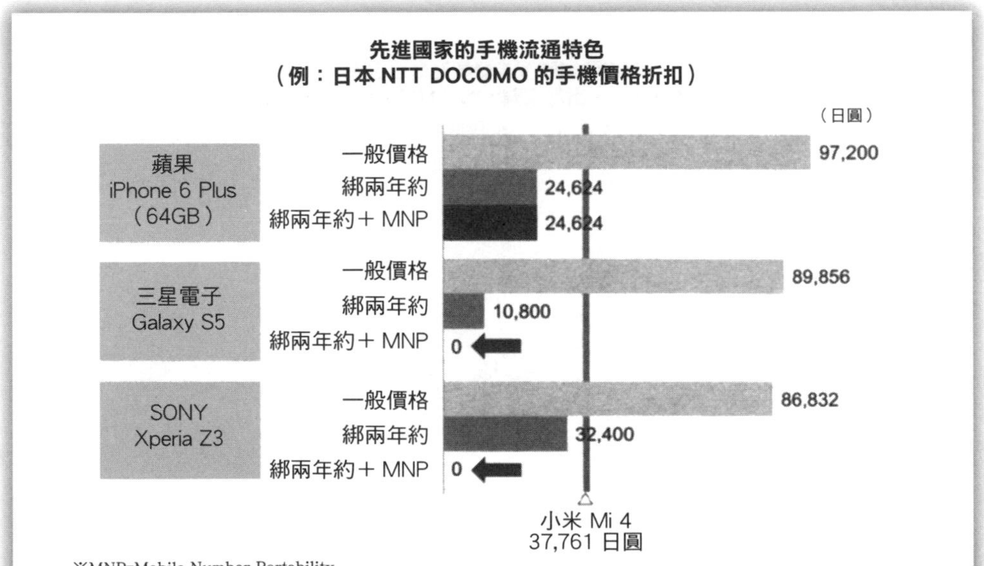

先進國家的手機流通特色
（例：日本 NTT DOCOMO 的手機價格折扣）
（日圓）
蘋果 iPhone 6 Plus（64GB）
一般價格
綁兩年約
綁兩年約＋MNP
97,200
24,624
24,624
三星電子 Galaxy S5
一般價格
綁兩年約
綁兩年約＋MNP
89,856
10,800
0
SONY Xperia Z3
一般價格
綁兩年約
綁兩年約＋MNP
86,832
32,400
0
小米 Mi 4
37,761 日圓

※MNP=Mobile Number Portability
資料：取自 NTT DOCOMO 網站，於 2015 年 1 月調查，由 BBT 大學綜合研究所製作

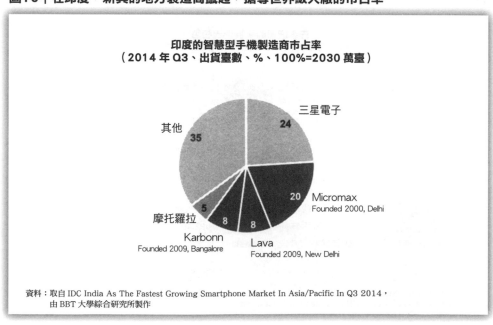

**圖09｜智慧型手機市場前五大廠的市占率降低，
因應地方需求而特製化的新興製造商竄起**

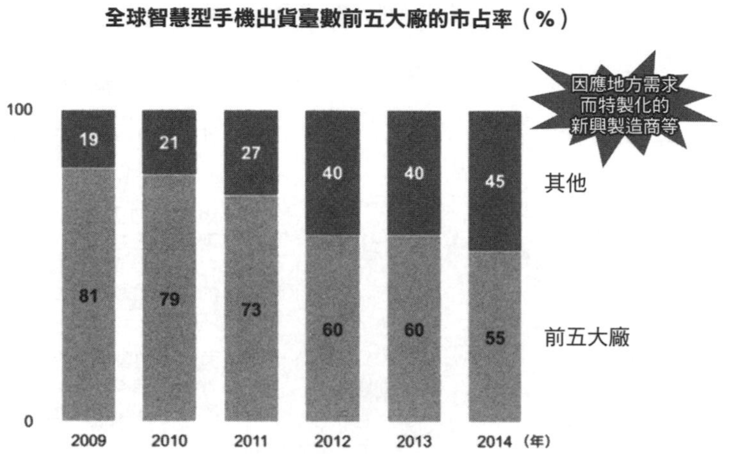
全球智慧型手機出貨臺數前五大廠的市占率（%）
因應地方需求
而特製化的
新興製造商等
100
0
19
21
27
40
40
45
其他
81
79
73
60
60
55
前五大廠
2009
2010
2011
2012
2013
2014（年）

資料：取自 IDC Press Release TOP Five Smart P（Smartphone） Vendors，由 BBT 大學綜合研究所製作

圖10｜在印度，新興的地方製造商竄起，搶奪世界級大廠的市占率

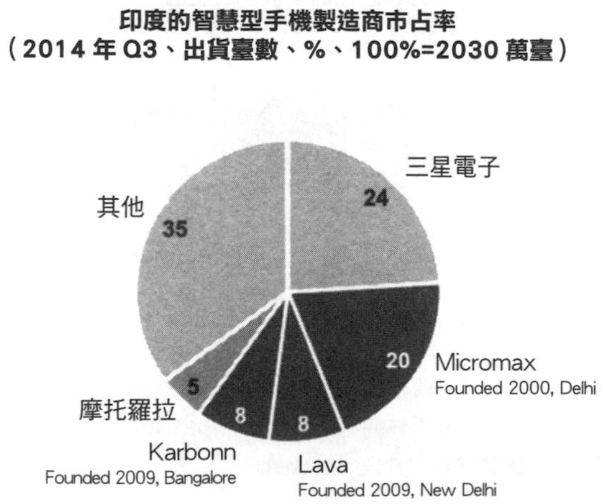
印度的智慧型手機製造商市占率
（2014 年 Q3、出貨臺數、%、100%=2030 萬臺）
三星電子
24
其他
35
20
Micromax
Founded 2000, Delhi
5
摩托羅拉
8
8
Karbonn
Founded 2009, Bangalore
Lava
Founded 2009, New Delhi

資料：取自 IDC India As The Fastest Growing Smartphone Market In Asia/Pacific In Q3 2014，
由 BBT 大學綜合研究所製作

的Micromax，以及以同樣市占率位居第三的Lava、Karbonn，皆是地方製造商，全都是二〇〇〇年設立的新興企業。尤其是Micromax的市占率20％，與三星電子只有些微差距。

因此，各地區因應地方需求而特製化的新興地方製造商，都在搶攻市占率，小米要加入戰局從中勝出，並不容易。就算開發出符合地方需求的手機，在和其他公司的競爭中勝出，但要是又有新的製造商以更新的技術或手法加入戰局，還是可能會落敗。

此外，與先進國製造商之間的專利紛爭也陸續發生。二〇一四年，小米的產品被認定侵害Ericsson持有的專利，印度法院下令對小米的部分產品禁止進口和販售。小米必須因應這類的問題。

要放眼全球龍頭寶座，得從鞏固根基做起

首先要對中華圈市場展開徹底攻略

在智慧型手機市場的這種現狀下，該如何放眼全球龍頭寶座呢？首先，只要對中華

圈市場展開徹底攻略就對了。華人在中國本土有十三億五〇〇〇萬人口，在其他地區也有七二〇〇萬人，所以整體共有十四億二二〇〇萬人，占全球人口的20%（圖11）。

此外，若以不同的國家和地區來看全球智慧型手機出貨臺數會發現，二〇一四年的中國市占率為35%，擁有相當高的市占率，再與亞洲新興國家的市占率相加，便超過50%（圖12）。

因此，針對在智慧型手機市場占有極高比重的中華圈市場，加強鞏固這地區的市占率，是應該最先著手的戰略。

引進介紹獎勵制

在攻略中華圈市場時，引進介紹獎勵制，也算是個好方法。這是對介紹別人購買者提供手機、電子書、遊戲、雲端儲存等服務的優惠、增加使用點數、或是提供通話費折扣的一套系統。新購買者會再介紹別的客戶，將就此擴大市占率（圖13）。

我認為可以先從費用負擔較少的增加雲端儲存容量做起，之後再引進點數制度，吸引使用者。

圖11｜首先要對占世界總人口20%的中華圈市場展開徹底攻略（目前先進攻鄰近的亞洲，接著再鎖定北美市場）

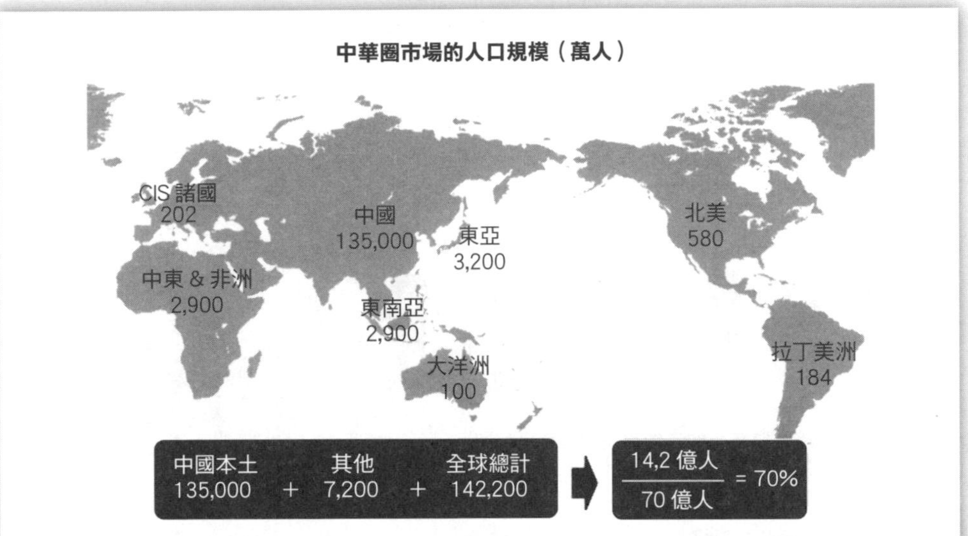
中華圈市場的人口規模（萬人）
CIS 諸國
202
中國
135,000
東亞
3,200
北美
580
中東 & 非洲
2,900
東南亞
2,900
大洋洲
100
拉丁美洲
184
中國本土 135,000 ＋ 其他 7,200 ＋ 全球總計 142,200
14,2 億人 / 70 億人 = 70%

資料：取自中華民國僑務委員會《僑務統計年報》、世界銀行統計、聯合國統計，由 BBT 大學綜合研究所製作

圖12｜以市占率占世界智慧型手機市場五成以上的中國及亞洲新興國家市場為中心，展開攻略

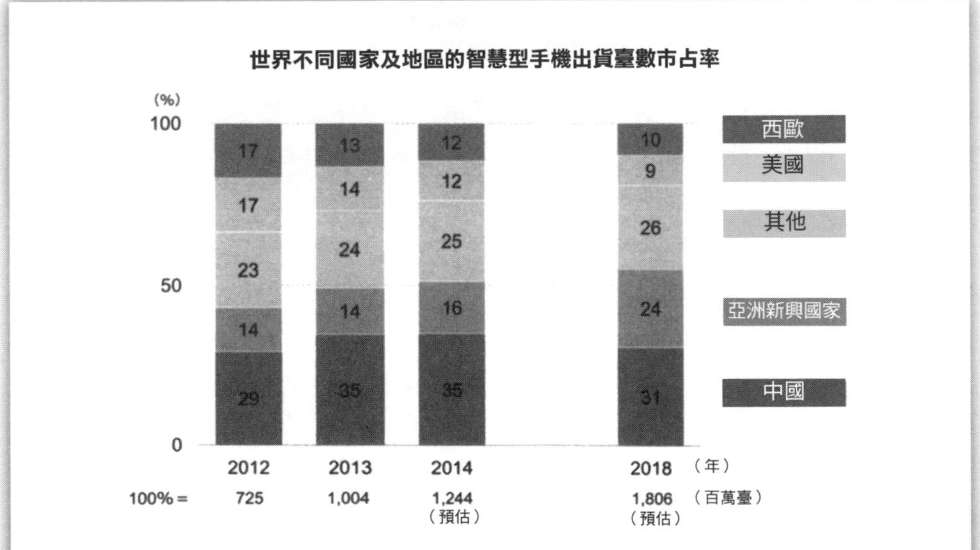
世界不同國家及地區的智慧型手機出貨臺數市占率
(%)
100
50
0
2012: 17 17 23 14 29
2013: 13 14 24 14 35
2014: 12 12 25 16 35
2018: 10 9 26 24 31
西歐
美國
其他
亞洲新興國家
中國
2012 2013 2014 2018 （年）
100% = 725 1,004 1,244（預估） 1,806（預估） （百萬臺）

資料：IDC《Smartphone Momentum Still Evident with Shipments Expected to Reach 1.2 Billion in 2014》

圖13｜引進獎勵制，對介紹購買者提供自家服務的優惠或增加使用點數

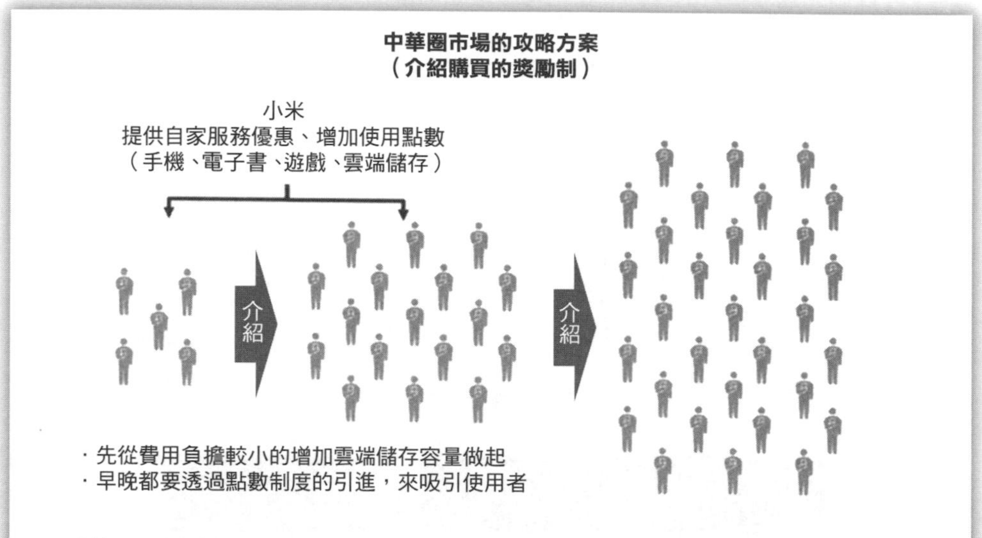
中華圈市場的攻略方案
（介紹購買的獎勵制）
小米
提供自家服務優惠、增加使用點數
（手機、電子書、遊戲、雲端儲存）
介紹
介紹
・先從費用負擔較小的增加雲端儲存容量做起
・早晚都要透過點數制度的引進，來吸引使用者

資料：BBT 大學綜合研究所製作

圖14｜沿用韓國製造商的戰略，透過地方客製化來擴大亞洲新興國家的市占率

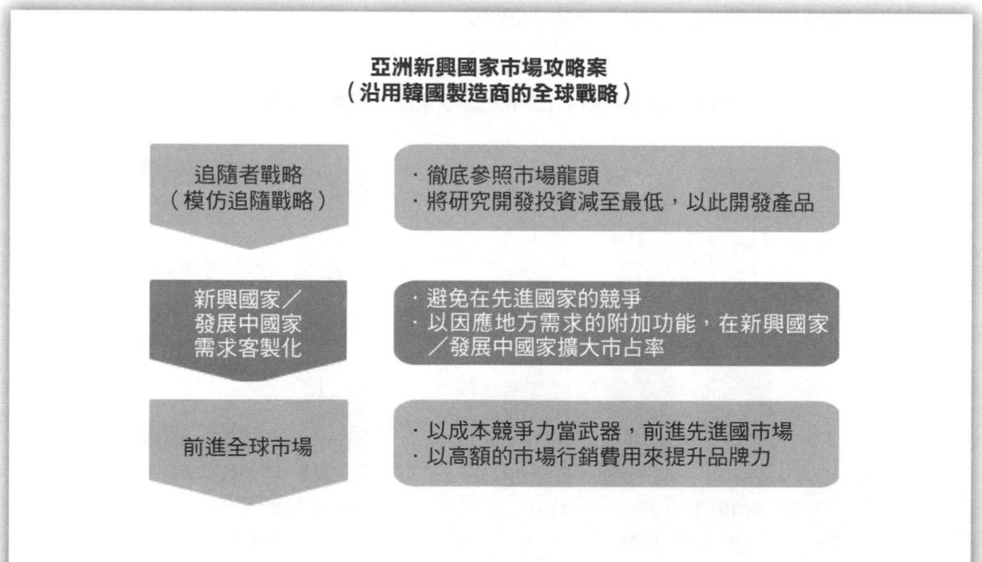
亞洲新興國家市場攻略案
（沿用韓國製造商的全球戰略）
追隨者戰略
（模仿追隨戰略）
・徹底參照市場龍頭
・將研究開發投資減至最低，以此開發產品
新興國家／
發展中國家
需求客製化
・避免在先進國家的競爭
・以因應地方需求的附加功能，在新興國家／發展中國家擴大市占率
前進全球市場
・以成本競爭力當武器，前進先進國市場
・以高額的市場行銷費用來提升品牌力

資料：BBT 大學綜合研究所製作

在新興國家，要以地方客製化來擴大市占率

攻下中華圈市場後，接下來要鎖定的目標是新興國家。只要沿用在亞洲圈積極開拓市場的韓系製造商的戰略即可（圖14）。

三星電子所採取的戰略第一步，就是徹底參照市場龍頭，將研究開發投資減至最低，以此開發產品。

第二步是在以因應新興國家、發展中國家地方需求的附加功能，來進行手機客製化，以此擴大市占率。

在先進國家要避免與大型製造商硬碰硬，專利問題先保持觀望

等攻下中華圈和亞洲新興國家市場後，接著就是進軍全球市場。但目前應該先以小市場為對象，避免與大型製造商硬碰硬。在先進國家裡，主要做法是與通訊公司綁約販售，或是推展代理店，像小米這種在宣傳及販售上不花成本的商業模式，恐怕很難打入市場。就算打進，也免不了會和占有高市占率的大廠起衝突。

因此在先進國家，要與MVNO（虛擬行動網路業者）合作，他們向其他公司借用

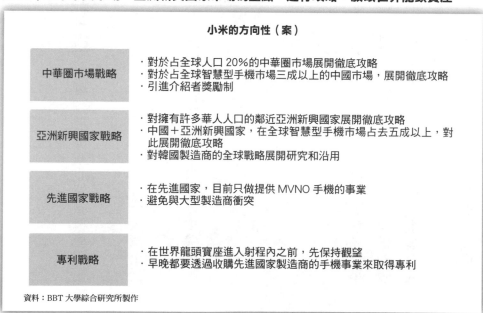

圖15｜目前在先進國家市場，要先限定在MVNO走向的手機上，避免與大型製造商衝突

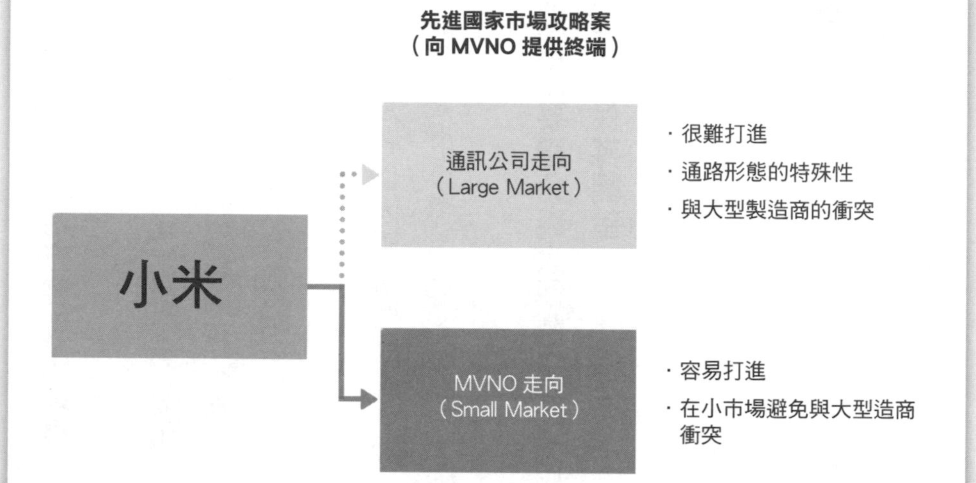
先進國家市場攻略案
（向 MVNO 提供終端）
小米
通訊公司走向
（Large Market）
· 很難打進
· 通路形態的特殊性
· 與大型製造商的衝突
MVNO 走向
（Small Market）
· 容易打進
· 在小市場避免與大型造商衝突

資料：BBT 大學綜合研究所製作

圖16｜以中華圈市場、亞洲新興國家市場為重點，進行攻略，放眼世界龍頭寶座

小米的方向性（案）

中華圈市場戰略	· 對於占全球人口 20%的中華圈市場展開徹底攻略 · 對於占全球智慧型手機市場三成以上的中國市場，展開徹底攻略 · 引進介紹者獎勵制
亞洲新興國家戰略	· 對擁有許多華人人口的鄰近亞洲新興國家展開徹底攻略 · 中國＋亞洲新興國家，在全球智慧型手機市場占去五成以上，對此展開徹底攻略 · 對韓國製造商的全球戰略展開研究和沿用
先進國家戰略	· 在先進國家，目前只做提供 MVNO 手機的事業 · 避免與大型製造商衝突
專利戰略	· 在世界龍頭寶座進入射程內之前，先保持觀望 · 早晚都要透過收購先進國家製造商的手機事業來取得專利

資料：BBT 大學綜合研究所製作

手機或智慧型手機等無線通訊設施，以自家公司品牌提供通訊服務，對此，小米只提供手機，採取跟蘋果或三星電子不同的戰略，這才是成功的訣竅。如果是採取這種戰略，就比較容易打進市場，也能避免與大型製造商之間的對立。一開始得先以這種方式取得立足點（圖15）。

關於專利問題，不妨先保持觀望。小米雖還沒上市，不過上市時的市價總額推測會有五兆四〇〇〇億日圓。所以上市後可以支付專利費，也能向握有黑莓機等專利權的製造商收購手機事業，以取得專利，這也是個辦法（圖16）。

在眾多製造商爭奪市占率的智慧型手機市場中，小米若要登上世界龍頭寶座，首先得對占有全球總人口20％的中華圈市場展開徹底攻略。接著追求地方需求，搶得新興國家的市占率。在先進國家要避免與大型製造商起衝突，只做提供ＭＶＮＯ手機的事業。

我認為這就是今後小米該採取的戰略。

歸納

- 引進介紹者獎勵制，對占有全球總人口20%的中華圈市場展開徹底攻略。沿用韓系製造商的全球戰略，並透過地方客製化來對新興國家展開攻略。
- 在先進國家，目前只做提供MVNO手機的事業，避免與大型製造商衝突。
- 在專利戰略方面，在世界龍頭寶座進入射程內之前，先保持觀望，然後透過收購先進國家製造商的手機事業，來取得專利。

大前的總結

停止「全套自主主義」，專注在核心功能上

企劃、設計、製造、通路，所有功能全都自己一手包辦的「全套型商業模式」，要就此停止，改為專注在收益性高的核心功能上，這點很重要。非核心功能就外包給擅長這方面能力的外部企業吧。

CASE 7

ZENSHO 控股

從「血汗公司」的形象東山再起

如果你是ZENSHO控股的社長，面對上市以來第一次的結算赤字，為了恢復業績，你會怎樣改變戰略？

DATA

正式名稱	ZENSHO 控股股份有限公司
設立	一九八二年
代表人	代表取締役社長　小川賢太郎
總公司所在地	東京都港區
行業	外食業
事業內容	餐飲服務連鎖店之經營、販售系統、食品加工系統的開發
相關企業營業額	五一八億一〇〇〇萬日圓（二〇一五年三月）
集團店面數	四七三〇家（二〇一五年三月底）
主要相關公司	（股）食其家總部　（股）NAKA卯（股）COCO'S JAPAN （股）BIG BOY JAPAN（股）華屋與兵衛　（股）Joripasuta　其他
官方網站	http://www.zensho.co.jp

※2015年1月現在

ZENSHO 多角經營的實態

直逼日本麥當勞的四〇〇〇億日圓規模的營業額

ZENSHO 控股（以下簡稱 ZENSHO）是以旗下所有店面總營業額四〇〇〇億日圓的規模自豪的外食連鎖店（圖01）。在國內的外食連鎖店業界中，規模僅次於日本麥當勞。

位居第一的麥當勞，因受制於食材的品質問題，營業額急速下滑，所以照ZENSHO 的所有店面營業額基礎來看，預估在二〇一五年將會成為國內龍頭（後來實際登上龍頭寶座）。

以下是國內的外食連鎖店營業額排行，當中有「すかいらーく（SKYLARK）」；經營「甘太郎」、「土間土間」、「かまどか（KAMADOKA）」等居酒屋連鎖店，以及「河童壽司」等餐飲連鎖店的「COLOWIDE」；對醫院、社會福利機構、託兒所等提供供餐服務的「日清醫療食品」；經營「ほっともっと（Hotto Motto）」和日式料理餐廳的「Plenus」、經營「白木屋」、「魚民」、「笑笑」的「MONTEROZA」；「日本 KFC 控股」等。

從牛丼到平價餐廳、迴轉壽司、烏龍麵、拉麵、咖啡

看ZENSHO的營業額構成（圖02）可以明白，它除了外食事業外，還有食材的調度、製造、物流、通路零售（食品超市）。

在外食事業方面，以「食其家」、「NAKA卯」這兩家店展開的牛丼連鎖店，占去其集團營業額的三分之一左右，另有三分之一，是由平價餐廳「COCO'S」、牛排店「BIG BOY」等多種形態的餐廳業態所包辦。

而在牛丼以外的速食方面，有迴轉壽司「HAMA壽司」、烏龍麵「久兵衛屋」、「瀨戶烏龍麵」、拉麵「傳丸」、咖啡店「MORIVA COFFEE」、「Cafe MILANO」，擁有多樣的營業形態。

藉由併購展開的多角化戰略與其極限

支撐ZENSHO成長的兩個原動力，分別是併購以及其「食其家」為中心的直營店開店攻勢。從二〇〇〇年開始，併購以幾乎每年一家公司的速度展開，持續推動事業的多角化以及外食經營形態的多樣化（圖03）。

他們看準的是從食材調度，乃至於製造、物流、零售、外食服務，這整個食品

圖01｜國內第二名的外食連鎖店

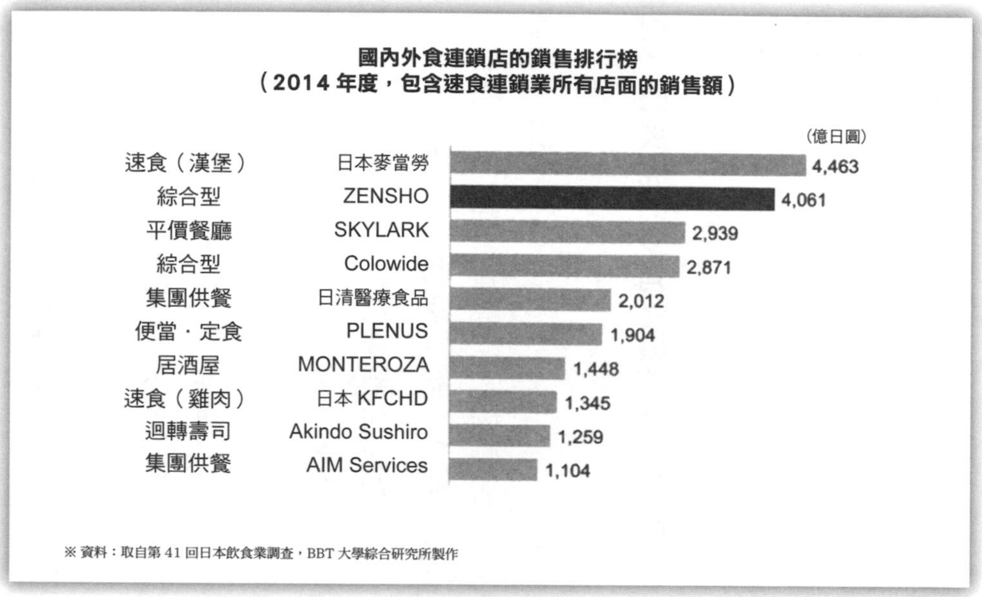
國內外食連鎖店的銷售排行榜
（2014 年度，包含速食連鎖業所有店面的銷售額）
（億日圓）
速食（漢堡） 日本麥當勞 4,463
綜合型 ZENSHO 4,061
平價餐廳 SKYLARK 2,939
綜合型 Colowide 2,871
集團供餐 日清醫療食品 2,012
便當・定食 PLENUS 1,904
居酒屋 MONTEROZA 1,448
速食（雞肉） 日本 KFCHD 1,345
迴轉壽司 Akindo Sushiro 1,259
集團供餐 AIM Services 1,104
※ 資料：取自第 41 回日本飲食業調查，BBT 大學綜合研究所製作

圖02｜牛丼、各家平價餐廳、速食餐廳等的多種行業形態的開展

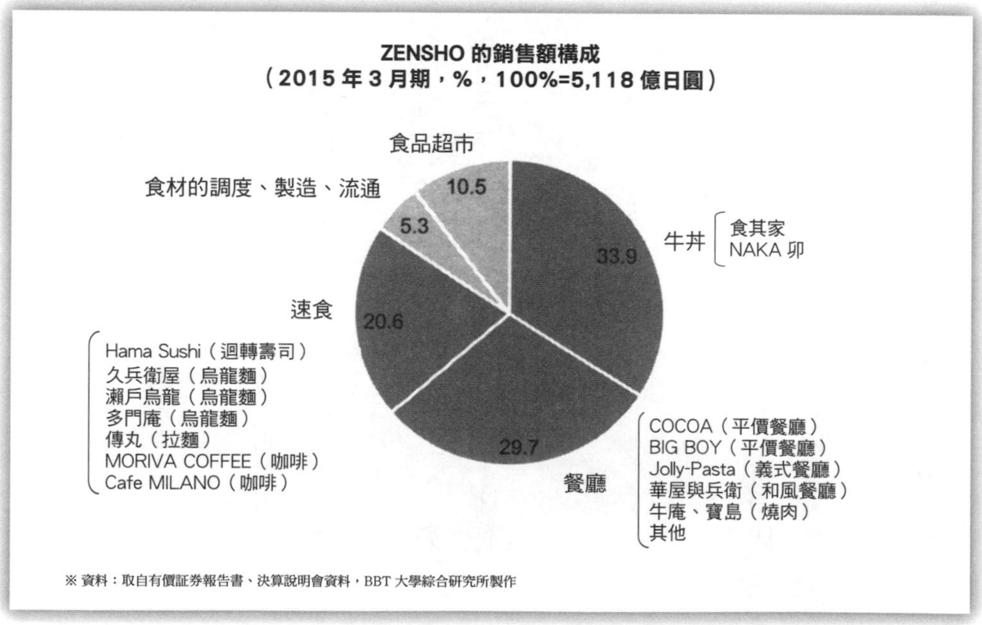
ZENSHO 的銷售額構成
（2015 年 3 月期，%，100%=5,118 億日圓）
食品超市 10.5
食材的調度、製造、流通 5.3
牛丼 33.9
食其家
NAKA 卯
速食 20.6
Hama Sushi（迴轉壽司）
久兵衛屋（烏龍麵）
瀨戶烏龍（烏龍麵）
多門庵（烏龍麵）
傳丸（拉麵）
MORIVA COFFEE（咖啡）
Cafe MILANO（咖啡）
餐廳 29.7
COCOA（平價餐廳）
BIG BOY（平價餐廳）
Jolly-Pasta（義式餐廳）
華屋與兵衛（和風餐廳）
牛庵、寶島（燒肉）
其他
※ 資料：取自有價証券報告書、決算說明會資料，BBT 大學綜合研究所製作

圖03｜一直是透過併購來推動事業的多角化以及外食經營形態的多樣化

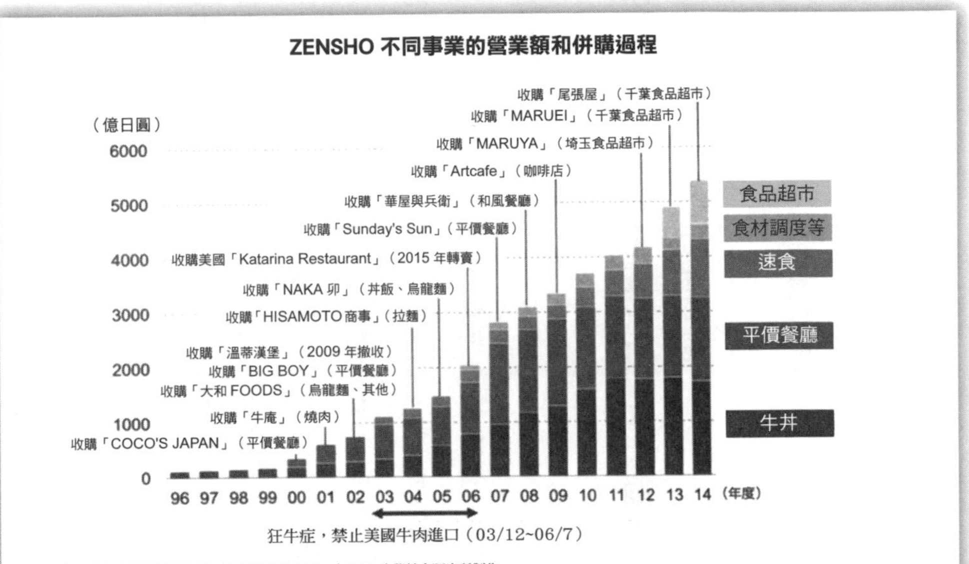
ZENSHO 不同事業的營業額和併購過程
（億日圓）
收購「尾張屋」（千葉食品超市）
收購「MARUEI」（千葉食品超市）
收購「MARUYA」（埼玉食品超市）
收購「Artcafe」（咖啡店）
收購「華屋與兵衛」（和風餐廳）
收購「Sunday's Sun」（平價餐廳）
收購美國「Katarina Restaurant」（2015 年轉賣）
收購「NAKA 卯」（丼飯、烏龍麵）
收購「HISAMOTO 商事」（拉麵）
收購「溫蒂漢堡」（2009 年撤收）
收購「BIG BOY」（平價餐廳）
收購「大和 FOODS」（烏龍麵、其他）
收購「牛庵」（燒肉）
收購「COCO'S JAPAN」（平價餐廳）
食品超市
食材調度等
速食
平價餐廳
牛丼
（年度）
狂牛症，禁止美國牛肉進口（03/12~06/7）

資料：取自有價證券報告書、結算說明會資料，由 BBT 大學綜合研究所製作

圖04｜以多角化經營來強化收益力，以及藉由擴大規模來取得成本優勢，並未充分獲得發揮，反而還造成利潤下滑

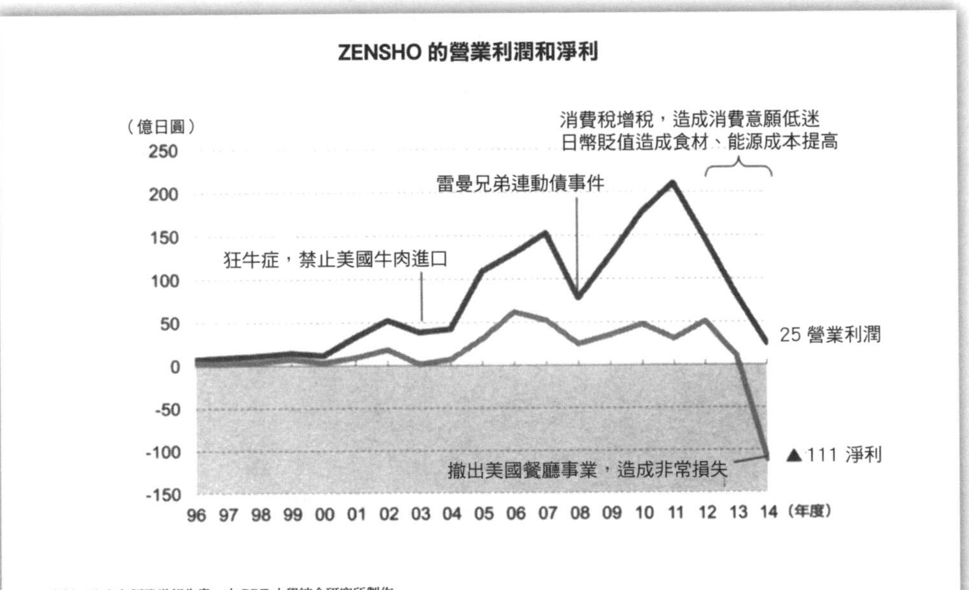
ZENSHO 的營業利潤和淨利
（億日圓）
消費稅增稅，造成消費意願低迷
日幣貶值造成食材、能源成本提高
雷曼兄弟連動債事件
狂牛症，禁止美國牛肉進口
25 營業利潤
▲111 淨利
撤出美國餐廳事業，造成非常損失
（年度）

資料：取自有價證券報告書，由 BBT 大學綜合研究所製作

生意的價值鏈全部一手包辦，藉由追求收益力，以及透過大規模經濟性來追求成本優勢。

雖然收入持續增加，但營業利潤以及淨利卻也起伏不定（圖04）。二〇一四年因為撤收先前在美國收購的餐廳而出現非常大的損失，淨利結算為一一一億日圓的赤字。看營業利潤也會發現，因狂牛症問題造成的禁止美國牛肉進口以及雷曼兄弟連動債事件，到處都造成收益減少。二〇一一後，因消費稅增稅，造成消費意願低迷，再加上日幣貶值造成食材、能源成本提高等因素，陷入收益急速下滑的窘境。雖然收益減少的原因有很多，但總結來說，刻意以併購戰略形成多角化經營，想藉此強化收益力，以及藉由擴大規模來取得成本優勢，並未充分獲得發揮，反而還造成成本增加，這才是實際情況。

以併購展開多角化經營所留下的爛帳，造成營業利益率低迷不振

如圖05所示，經營形態採多角化後，營業額就此提升，相關企業的營業額看起來也是「無人能比」。但在相關企業的營業利益率方面，卻是一路下滑，同樣「無人能比」。與其他兩家公司相比，一直都採取多角化經營的ZENSHO，其利益率竟然敬陪末座。

圖05｜雖是為了分散風險而採取經營形態多角化，但並未帶來收益性的穩定（最大力推動多角化經營的ZENSHO，利益率卻最低）

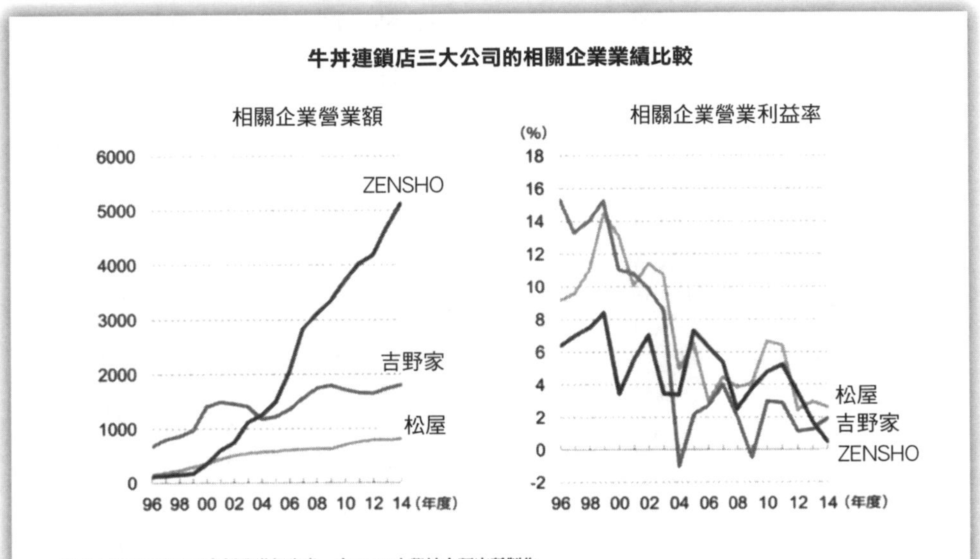

資料：取自各家公司有價證券報告書，由 BBT 大學綜合研究所製作

圖06｜併購沒帶來收益性提升，財務體質惡化

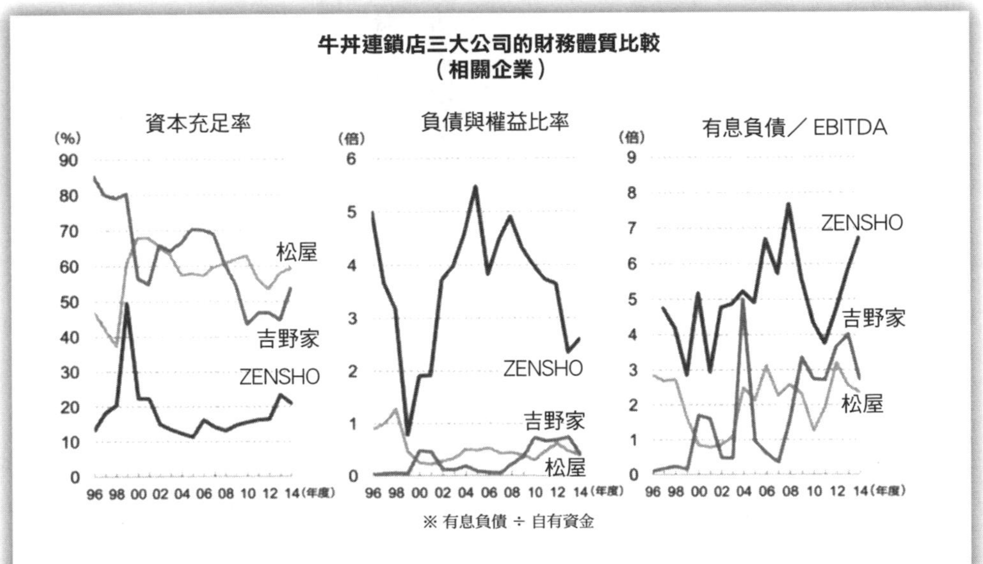

資料：取自各家公司有價證券報告書，由 BBT 大學綜合研究所製作

為了分散風險而採取的經營形態多角化，並未帶來收益性的穩定和提升。

就結果來看，併購戰略導致財務體質惡化（圖06）。與牛丼連鎖店的三大公司相比，同樣突顯出ZENSHO的財務體質惡化。

當中最明顯的，就是資本充足率過低。由此可以推測，可能是在各種投資銀行的推薦下，「能借多少，就借多少」。想當然耳，作為估算企業財務健全性（安全性）指標之一的debt-to-equity ratio（名為「負債與權益比率」）也會偏高。就算改看作為財務健全性指標的有息負債以及EBITDA（稅息折舊及攤銷前利潤）值也會發現，依照EBITDA，其負債大約要五到七年才能還清。雖然債務還不到致命的地步，但與採取穩健戰略的吉野家和松屋相比，前景堪憂。

在狂牛症的導火線下，牛丼的「極限」就此浮現

牛丼市場的市占率，以ZENSHO獨占鰲頭

接下來，我們針對支撐ZENSHO整體營收的另一個原動力——牛丼連鎖店及其開

圖07｜自從發生狂牛症的問題後，牛丼連鎖店的收益性產生戲劇性變化

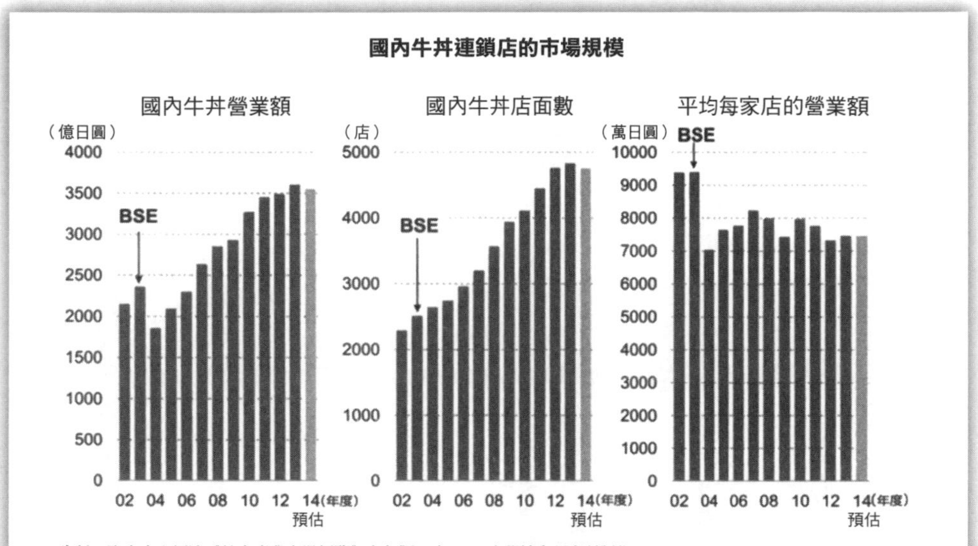
國內牛丼連鎖店的市場規模
國內牛丼營業額
（億日圓）
4000
3500
3000
2500
2000
1500
1000
500
0
BSE
02 04 06 08 10 12 14(年度)
預估
國內牛丼店面數
（店）
5000
4000
3000
2000
1000
0
BSE
02 04 06 08 10 12 14(年度)
預估
平均每家店的營業額
（萬日圓）
10000
9000
8000
7000
6000
5000
4000
3000
2000
1000
0
BSE
02 04 06 08 10 12 14(年度)
預估
資料：取自富士經濟《外食產業市場便覽》各年版，由BBT大學綜合研究所製作

店戰略，做一番深入探討吧。

說到牛丼，應該有不少人會想到「吉野家」，不過國內牛丼連鎖店的第一大公司，其實是「食其家」，市占率為41.4%。與「NAKA卯」的8.5%加起來，ZENSHO便占去國內市占率的50%左右。「吉野家」為27.1%、「松屋」20.4%（出自富士經濟《外食產業市場便二〇一四》）。從這數字可以看出「ZENSHO牛丼」的規模有多大。

原本是高收益營業狀況的牛丼，變成薄利多銷

看圖07可以發現，在出現狂牛症問題，禁止美國牛肉進口後，他們的市場規模、店面數還是持續成長，但每一家

店的營業額都在狂牛症問題發生前後大幅減少，之後則是一路持平，這是其現狀。也就是說，自從狂牛症問題發生後，身為ZENSHO主要經營形態的牛丼，明顯變成收益性不佳的事業。

在狂牛症問題的導火線下，牛丼這種經營形態的「極限」就此浮現。〔圖09／吉野家不同經營形態的營業額〕說明了這一切。就連堪稱是牛丼代名詞的吉野家，也開始收購烏龍麵的「花丸烏龍麵」和牛排餐廳「Steak don」，展開多角化經營，以分散牛丼產業的風險。

錯誤的「進攻戰略」導致諸多問題

狂牛症問題發生後，仍持續展開開店攻勢

在看過牛丼三大公司的店面數後會發現，吉野家在狂牛症問題發生後，開店變得較為節制。松屋也是採取同樣的策略。

但ZENSHO在牛丼的營業收益性惡化的情況下，「食其家」仍持續開店，包含

圖08｜營業狀況屬於高收益的「牛丼」，自發生狂牛症後，收益性明顯惡化

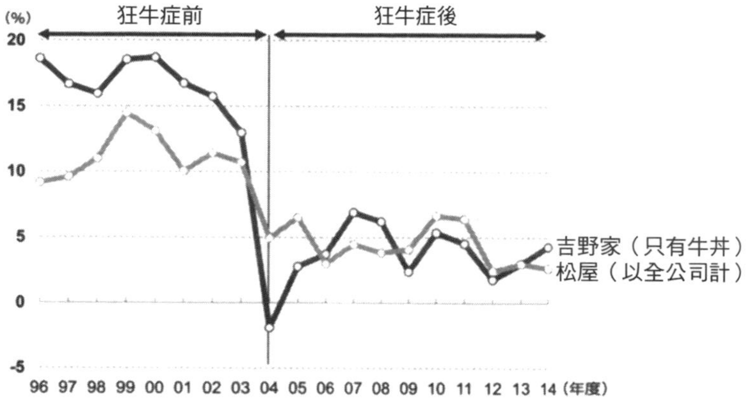

※ 只有吉野家和松屋，ZENSHO 的牛丼這部分的營業利潤不公開
資料：取自各公司結算資料製作

圖09｜吉野家也為了分散牛丼營業形態的風險而謀求多角化經營

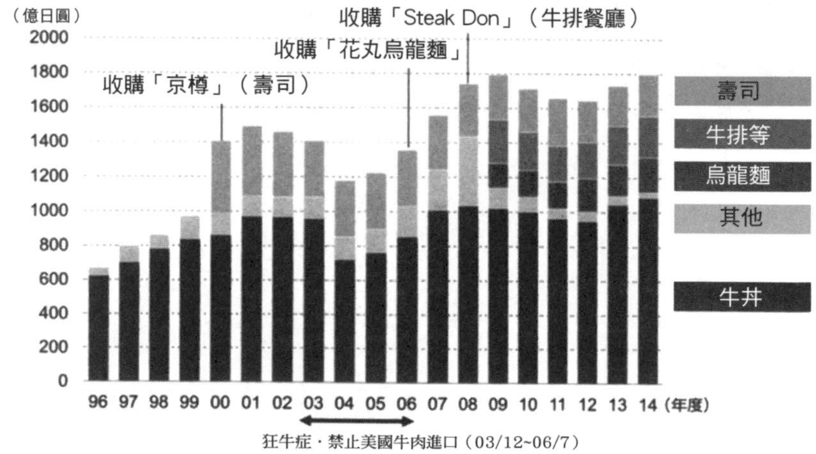

資料：取自有價證券報告書，由 BBT 大學綜合研究所製作

「NAKA卯」在內，在二〇一四年已擴增到二五〇〇多家店。結果成本削減的壓力反映在人事費上，其勞務問題逐漸浮上檯面（圖10）。

店內只有一名員工的事公諸於世後，血汗公司的形象深植人心

一度炒熱新聞版面的ZENSHO勞務問題，是急速展開開店攻勢所引發的問題。堪稱是ZENSHO門面的「食其家」，因人手不足和削減人事費等原因，只有一名員工負責店內所有業務，亦即俗稱的「one operation」，已成為常態。此事被視為嚴重的社會問題，ZENSHO瞬間被貼上血汗公司的標籤，同時遭受強烈批判。雖然已力求改善問題，但要解決此事，人事費的增加勢無可避。

逐漸減少的平價餐廳，日益成長的外帶服務

外帶市場規模備受矚目

我們也來看看牛丼以外的營業形態吧。如前所述，ZENSHO有多種營業形態，以

圖10｜在牛丼營業收益性惡化的情況下，ZENSHO急速展開開店攻勢，結果削減成本的壓力反映在人事費上，其勞務問題浮上檯面

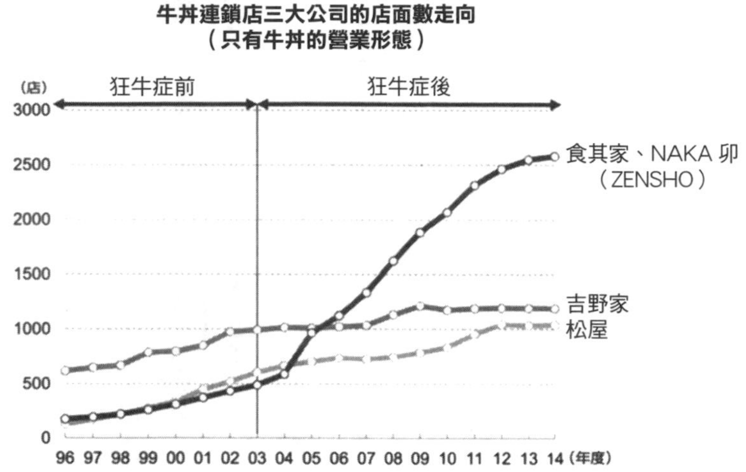

※ZENSHO是根據有價證券報告書的記載，其他兩家公司則是調查日經MJ
資料：取自ZENSHO有價證券報告書、日本餐飲業調查（日經MJ），由BBT大學綜合研究所製作

平價餐廳和速食這兩大營業形態為主。它在速食市場的成長率也相當高，市場規模有3.1兆日圓，表現不俗（圖11）。而另一方面，平價餐廳市場的成長率為-16.4%，大幅下滑，市場規模約一．三兆日圓，處於萎縮趨勢，充分展現出目前營業狀況的困境。

值得注意的是外帶市場。這是在國內單身族持續增加的背景下成長的營業形態，正形成最大的市場規模，以現狀來看，ZENSHO並不擅長處理外帶市場。

在速食界，迴轉壽司、烏龍麵、蕎麥麵正不斷成長

在速食這個成長市場下，ZENSHO

擁有牛丼、迴轉壽司、拉麵、烏龍麵、蕎麥麵。其中尤為耐人尋味的是迴轉壽司，近年來大幅成長。烏龍麵、蕎麥麵也持續穩定成長，拉麵成長持平，牛丼近年來則是面臨瓶頸，可說是處於後繼無力的狀態（圖12）。

藉由高附加價值化＆削減成本，展開重視利益率的戰略

露出破綻的兩大成長戰略

對逐漸浮現的 ZENSHO 現狀進行整理後發現，一直以來都帶動成長的併購與開店攻勢這兩大戰略，並未強化收益力，反而還導致利益率、財務體質的惡化，並引發勞務問題。重新評估這兩大戰略，如何改善收益性及勞務問題，成了今後的課題（圖13）。

圖11｜在ZENSHO的兩大營業形態下，速食市場成長，平價餐廳市場則處於萎縮趨勢

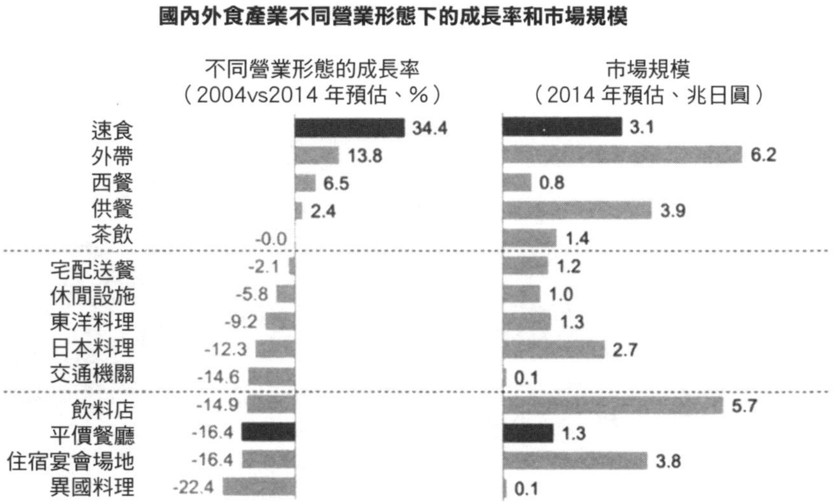
國內外食產業不同營業形態下的成長率和市場規模
不同營業形態的成長率
（2004vs2014 年預估、%）
市場規模
（2014 年預估、兆日圓）
速食 34.4 3.1
外帶 13.8 6.2
西餐 6.5 0.8
供餐 2.4 3.9
茶飲 -0.0 1.4
宅配送餐 -2.1 1.2
休閒設施 -5.8 1.0
東洋料理 -9.2 1.3
日本料理 -12.3 2.7
交通機關 -14.6 0.1
飲料店 -14.9 5.7
平價餐廳 -16.4 1.3
住宿宴會場地 -16.4 3.8
異國料理 -22.4 0.1

資料：取自富士經濟《外食產業市場便覽》各年版，由 BBT 大學綜合研究所製作

圖12｜ZENSHO著手的速食市場，迴轉壽司大幅成長，牛丼則是後繼無力

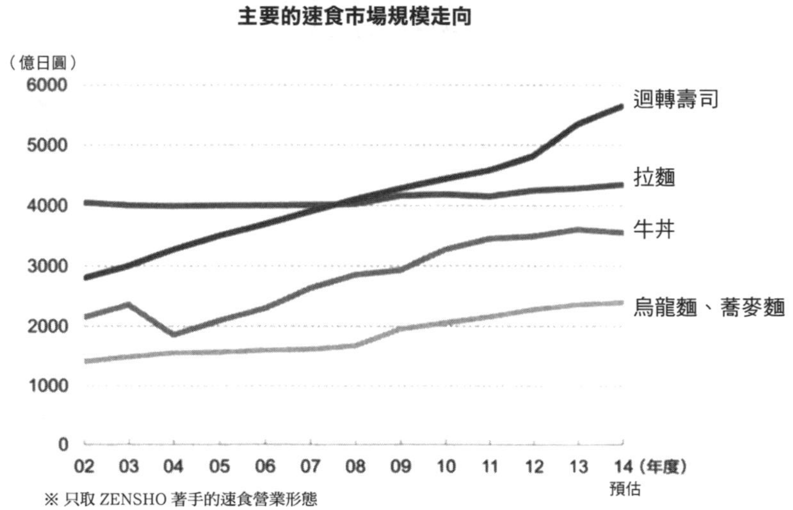
主要的速食市場規模走向
（億日圓）
6000
5000
4000
3000
2000
1000
0
02 03 04 05 06 07 08 09 10 11 12 13 14（年度）
預估
迴轉壽司
拉麵
牛丼
烏龍麵、蕎麥麵

※ 只取 ZENSHO 著手的速食營業形態

資料：取自富士經濟《外食產業市場便覽》各年版，由 BBT 大學綜合研究所製作

圖13｜改善各種經營形態的收益性和食其家的勞務問題，是當前的課題

ZENSHO 的現狀和課題

	現狀	課題
自家公司	・以併購展開多角化的經營形態，急速的開店攻勢 ・規模經濟發揮不了作用，收益性、財務體質惡化 ・勞務問題日益嚴重	・改善各種經營形態的收益性 ・改善食其家的勞務問題
市場	・牛丼的經營形態自狂牛症問題爆發以來，收益性一片低迷 ・牛丼市場後繼無力，迴轉壽司市場大幅成長 ・平價餐廳市場有長期減少的趨勢	
競爭對手	・吉野家透過併購企圖讓經營形態多樣化 ・松屋主要以菜單多樣化來因應	

資料：BBT 大學綜合研究所製作

圖14｜中止併購路線，藉由各種經營形態的高附加價值化與降低成本，轉換成重視利益率的戰略。

ZENSHO 的方向性（案）

・改善各種經營形態的收益性
・改善食其家的勞務問題

→

・中止藉由併購展開的成長路線
・轉換成重視利益率的戰略

高附加價值化
・在牛丼、迴轉壽司方面，投入高附加價值的菜單及經營形態中
・在烏龍麵、拉麵的經營形態中，強化配料菜單（提高顧客平均消費額）
・強化外帶菜單、經營形態
・轉換為日式餐廳的定食經營形態（仿效大和屋）

降低成本
・削減虧損的店面
・重新評估平價餐廳的經營形態，縮減數量
・透過菜單的濃縮化，以集中購買和調理程序效率化來降低成本

資料：BBT 大學綜合研究所製作

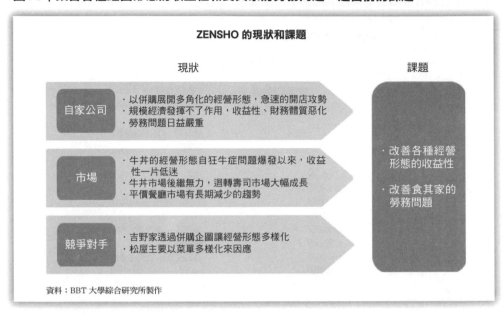

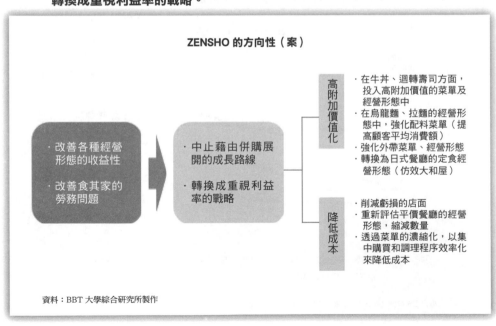

必須尋求提高顧客平均消費額的高附加價值路線

不再像過去那樣採仰賴併購或擴大店面數的成長戰略，而是必須轉換成重視利益率的戰略。因此，得全體性的尋求高附加價值路線。例如說到壽司，這是代表日本的一種速食，但它隨著時代日益精進，已昇華成一種高級料理。

現在以二〇〇日圓、三〇〇日圓的價位在決勝負的牛丼，要是素材、製作方法、提供模式都能更加精進，就有可能開出八〇〇日圓、一〇〇〇日圓的售價。當然了，對於迴轉壽司也要考慮投入高附加價值的菜單和營業形態。拉麵或烏龍麵的營業形態可藉由強化配料菜單來提高顧客平均消費額。此外，必須比現在更進一步研究外帶菜單，尋求強化。

至於日式餐廳，應該一面裁減增加過多的店面，一面轉換成像「大戶屋」那樣的定食營業形態。大戶屋是由持有大戶屋控股的大戶屋股份有限公司負責營運。包含加盟店在內，國內有二五〇多家店，同時也在國外推展。

應該只留下真的有信心的經營形態

另一方面，成本削減也有其必要。之前因為過度的開店戰略而不斷降低人事費的結果，被人們貼上血汗公司的標籤，所以今後為了恢復名譽，勢必得增加人事費用。必須考量到這個層面，持續綜合性的削減成本。而對於造成勞務問題主因的店面過多一事，應該以虧損的店面為主，展開撤店縮編。

多樣的經營形態導致菜單增加、調理程序複雜化，無法發揮中央廚房的效率性，是造成成本增加的原因，所以除非是真的很有信心的經營形態，否則一概不碰，要抱持這樣的覺悟加以濃縮。藉由菜單的濃縮，可以讓集中購買和調理程序效率化，就此降低成本。

就某個層面而言，ZENSHO 以現今的狀態根本無法營運。經營形態多達二十種，經營者除非是天賦異稟的天才，要不就是有同時有二十個天才幫忙，否則很難經營下去。若不把握現在，當作是重新評估戰略的時候，以高附加價值化和降低成本雙管其下，以求完全恢復正常收益，恐怕會陷入難以收拾的惡性循環中。

歸納

- 中止併購的成長戰略，轉換成重視利益率的戰略。藉由投入牛丼的高附加價值菜單中、提高烏龍麵、拉麵的顧客平均消費額、轉換為日式餐廳的定食經營形態等，以求改走高附加價值路線。

- 撤收虧損的店面，縮減過多的店面、重新評估多種經營形態的戰略、減少經營形態、藉由濃縮菜單來讓調理程序效率化等，徹底降低成本。

大前的總結

併購是在整合後一百天內看出勝負

是否能描繪出收購後的經營藍圖呢？
為了讓全體更有效率而採取併購路線的ZENSHO，並未充分提高利益。就只是收購，卻沒產生相乘作用。「我要自己全力投入，重新擬定經營方針」，若沒有這樣的氣概和實力，併購絕不會帶來加分。

CASE 8

Cookpad

隱藏在一帆風順背後的「真正課題」

如果你是Cookpad的代表人，
在穩定成長的此刻，
你會擬定怎樣的穩定成長戰略呢？

DATA

正式名稱	Cookpad股份有限公司
設立	一九九七年
代表人	代表執行役　田譽輝（二〇一六年四月的代表執行役改為岩田林平）
總公司所在地	東京都澀谷區
行業	服務業
事業內容	料理食譜網站「Cookpad」的企劃、營運及其他
資本額	五二億五一〇萬日圓（二〇一四年十二月底）
營業額	（相關企業）　六七億二〇〇萬日圓（二〇一四年十二月底）
員工數	（該公司單獨）　一九三人（二〇一四年十二月底）
官方網站	http://info.cookpad.com/

※2015年7月現在

每月利用人數達五五〇〇萬人的日本最大料理食譜網

二十~三十多歲女性有八~九成會看的料理食譜群眾外包

Cookpad是供使用者進行料理食譜發表和搜尋的創意群眾外包。登錄的食譜數量、瀏覽數都是日本第一的食譜網店，二〇一四年十二月底的相關企業營業額約六十七億日圓，每月使用者五五〇〇萬人，付費會員人數超過一六〇萬人（取自Cookpad網頁）。使用者超過八成是女性，主要為二十~三十多歲（取自結算說明會資料）。據說現在二十~三十多歲的女性，有超過八成都在使用Cookpad，大部分不是用電腦，而是透過智慧型手機。

同時展開美容、健康、育兒援助等其他領域的服務

Cookpad以料理食譜資訊為主軸，並擴大到購物、美容健康、育兒援助等和生活有關的所有服務（圖01）。

在購物的領域方面，它除了與食品超市合作，在Cookpad上發送「特賣資訊」的訊息外，還經營蔬菜、肉類、魚這類食材的網購「產地直送便」、廚房用品和雜貨的網購「Angers」。而在美容、健康相關方面，還有針對銀髮族和生活習慣病患者介紹食譜的「好吃健康」、漢方藥膳資訊網「漢方desk」、提供減肥協助服務的「Diet」等。

此外還有嬰兒副食品食譜網、提供育兒援助服務的智育APP、可定額觀看其他公司食譜書或料理研究家食譜「專家的食譜」、提供料理教室的介紹和預約的網站「料理教室」、文化和運動相關的講師介紹事業「cyta」、假日外出資訊網「Holiday」、智慧型手機專用的記帳簿APP「Zaim」等，服務範圍廣泛。但可惜的是，大部分都無法成為收益事業。

近年來在國外也加速擴展（圖02），二〇一三年Cookpad的英文版網站正式發行。隔年二〇一四年收購美國的「All the Cooks」（英語圈）、西班牙的「Mis Recetas」（西班牙語圈）、印尼的「DapurMasak」（印尼語圈）、黎巴嫩的「Netsila S.A.L.」（阿拉伯語圈），一共四國的料理食譜網店，擴大展開經營的地區。

圖1｜以料理食譜資訊為主軸，並擴大到「購物」、「美容健康」、「育兒援助」等和生活有關的所有服務

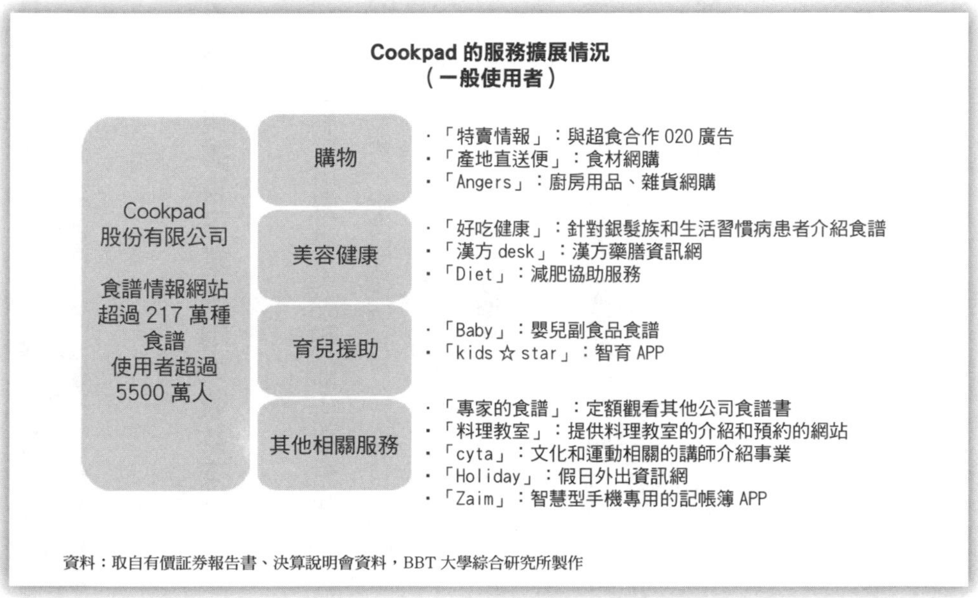
Cookpad 的服務擴展情況
（一般使用者）
Cookpad
股份有限公司
食譜情報網站
超過 217 萬種
食譜
使用者超過
5500 萬人
購物
・「特賣情報」：與超食合作 020 廣告
・「產地直送便」：食材網購
・「Angers」：廚房用品、雜貨網購
美容健康
・「好吃健康」：針對銀髮族和生活習慣病患者介紹食譜
・「漢方 desk」：漢方藥膳資訊網
・「Diet」：減肥協助服務
育兒援助
・「Baby」：嬰兒副食品食譜
・「kids ☆ star」：智育 APP
其他相關服務
・「專家的食譜」：定額觀看其他公司食譜書
・「料理教室」：提供料理教室的介紹和預約的網站
・「cyta」：文化和運動相關的講師介紹事業
・「Holiday」：假日外出資訊網
・「Zaim」：智慧型手機專用的記帳簿 APP
資料：取自有價証券報告書、決算說明會資料，BBT 大學綜合研究所製作

圖02｜加速料理食譜資訊在海外的擴展

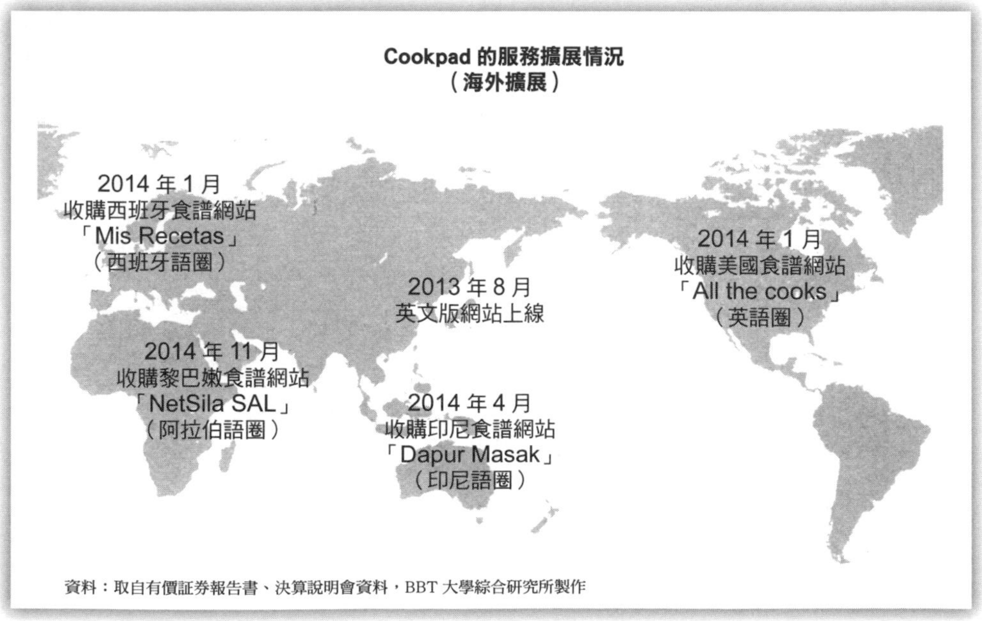
Cookpad 的服務擴展情況
（海外擴展）
2014 年 1 月
收購西班牙食譜網站
「Mis Recetas」
（西班牙語圈）
2013 年 8 月
英文版網站上線
2014 年 1 月
收購美國食譜網站
「All the cooks」
（英語圈）
2014 年 11 月
收購黎巴嫩食譜網站
「NetSila SAL」
（阿拉伯語圈）
2014 年 4 月
收購印尼食譜網站
「Dapur Masak」
（印尼語圈）
資料：取自有價証券報告書、決算說明會資料，BBT 大學綜合研究所製作

營業額一路長紅，付費會員數也持續增加

會員事業與廣告事業為兩大收益來源

Cookpad以會員事業和廣告事業作為營業額的重要支柱（圖03）。占去總營業額半數的會員事業，來自每個月二八〇日圓的會費，而成為會員後，便可使用許多便利的服務，例如人氣食譜的搜尋、進階搜尋、排名顯示、保存喜愛的菜單等。

廣告收入占了將近總營業額的40％，當中，以圖像廣告顯示的網站廣告占24％，與食品製造商或零售業者合作的聯合廣告占13％。此外，透過廚房用品、雜貨等電子商務、書籍販售等所帶來的營業額，則將近有一成之多。

因智慧型手機普及，付費會員增加

自二〇〇六年起，Cookpad的營業額穩定成長（圖04）。二〇一四年因結算期變更，改採八個月結算，所以營業額六十七億日圓與前年相比，幾乎沒什麼變動，不過若以一整年來看，可以確定營業額比去年增長。尤其是最近五年，因智慧型手機普及，付費會

圖03｜主要收益來源，有五成是「付費會員事業」，有四成是「廣告事業」

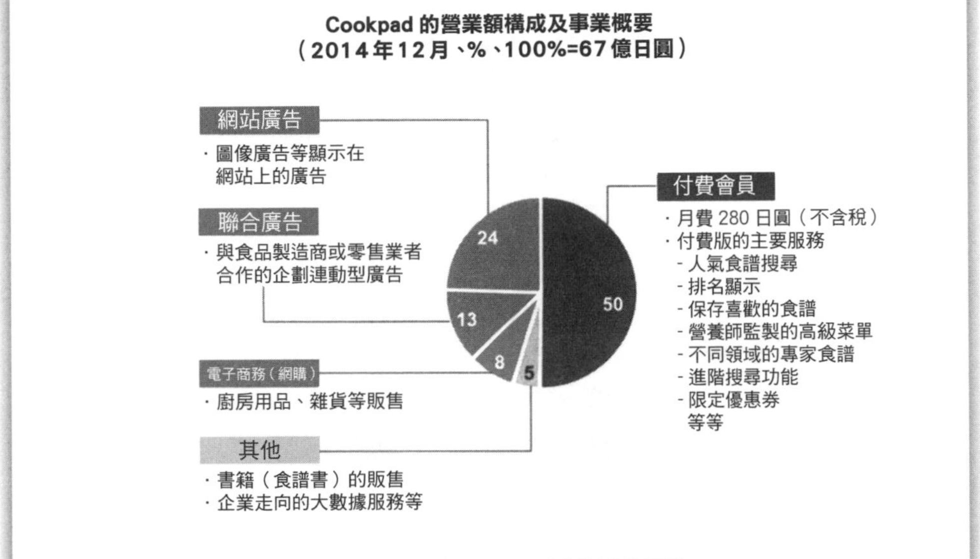

資料：取自有價證券報告書、結算說明會資料、結算資訊，由 BBT 大學綜合研究所製作

圖04｜在智慧型手機普及的背景下，付費會員大幅增加

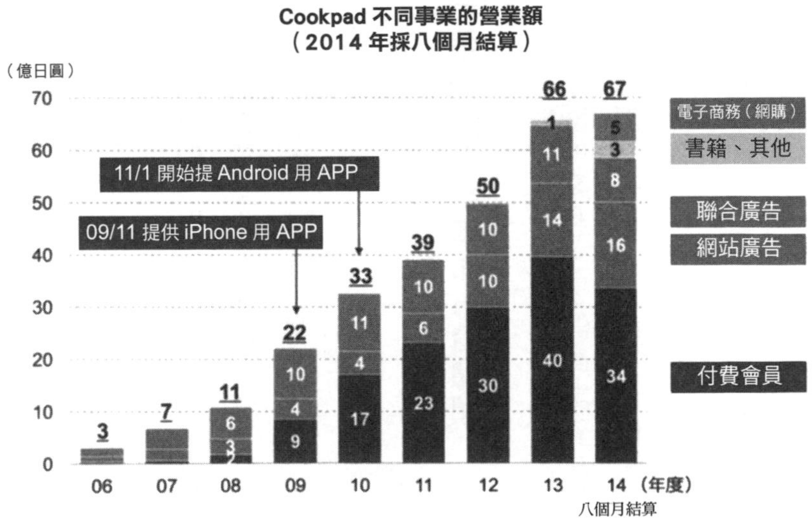

資料：取自有價證券報告書、結算說明會資料、結算資訊，由 BBT 大學綜合研究所製作

圖05｜營業額規模雖小，但利益率高，時價總額也高

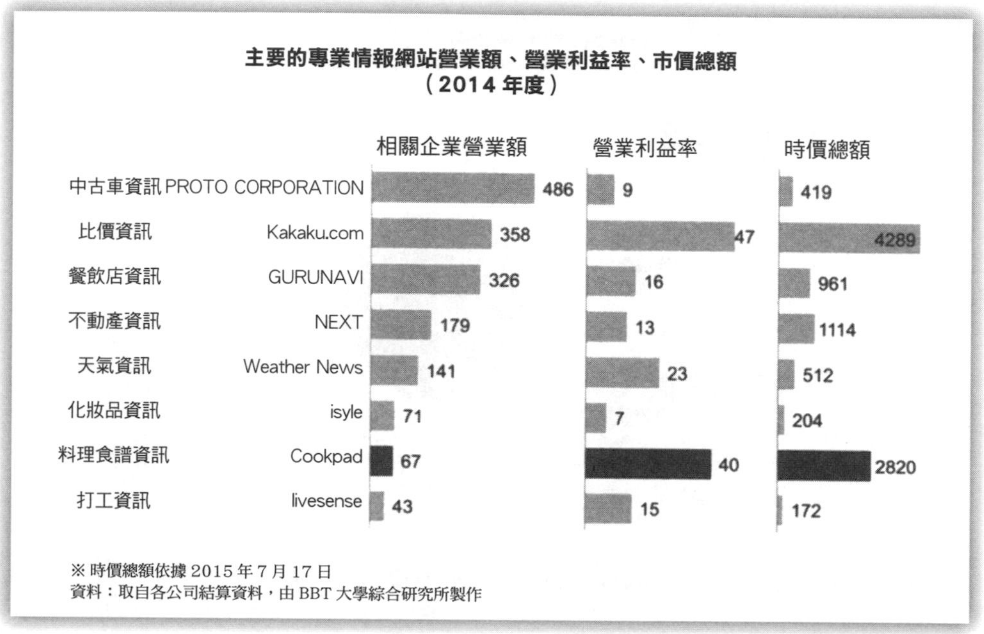
主要的專業情報網站營業額、營業利益率、市價總額
（2014 年度）
相關企業營業額
營業利益率
時價總額
中古車資訊 PROTO CORPORATION 486 9 419
比價資訊 Kakaku.com 358 47 4289
餐飲店資訊 GURUNAVI 326 16 961
不動產資訊 NEXT 179 13 1114
天氣資訊 Weather News 141 23 512
化妝品資訊 isyle 71 7 204
料理食譜資訊 Cookpad 67 40 2820
打工資訊 livesense 43 15 172
※ 時價總額依據 2015 年 7 月 17 日
資料：取自各公司結算資料，由 BBT 大學綜合研究所製作

員穩定增加，帶動公司整體的營收。與開始提供iPhone用APP的二〇〇九年相比，會員事業收入增加大約四倍之多。

另一方面，廣告事業收入的成長則不像會員事業收入成長那般，當中的聯合廣告在十億日圓左右徘徊，完全沒成長。

業界頂極的利益率和市價總額

若以圖05來和主要的專業資訊網站的營業額、營業利益率、市價總額做比較，會發現Cookpad的營業額與「Kakaku.com」、「GURUNAVI」相比，只有他們的五分之一左右，事業規模並不大。

但營業利益率40％算非常高，在其他的專業資訊網站中，也建構了高收益的商業模式。因此，每個月使用人數多達五五〇〇萬人，二十～三十多歲的女性有八～九成會使用，並積極展開各項服務、進軍海外，擁有高收益的體質。在這方面備受期待，市價總額將近三〇〇〇億日圓，投資者們皆給予很高的評價。

這數字顯示出該公司今後的可能性。

半數的營業額仰賴會員事業收入，成長不如預期的媒體事業

與網路使用者人數不成比例的營業額規模

以圖06來看主要的專業資訊網站每個月的使用者人數和營業額會發現，Cookpad每個月的使用者人數與GURUNAVI、Kakaku.com差不多，但營業額規模卻遠比這兩家公司來得小。換言之，它身為使用者人數位居頂尖的媒體，具有極高的價值，卻沒反映在營業額上。

圖06｜網路使用者人數多，媒體價值高，但與其他公司相比，卻無法反映在營業額上

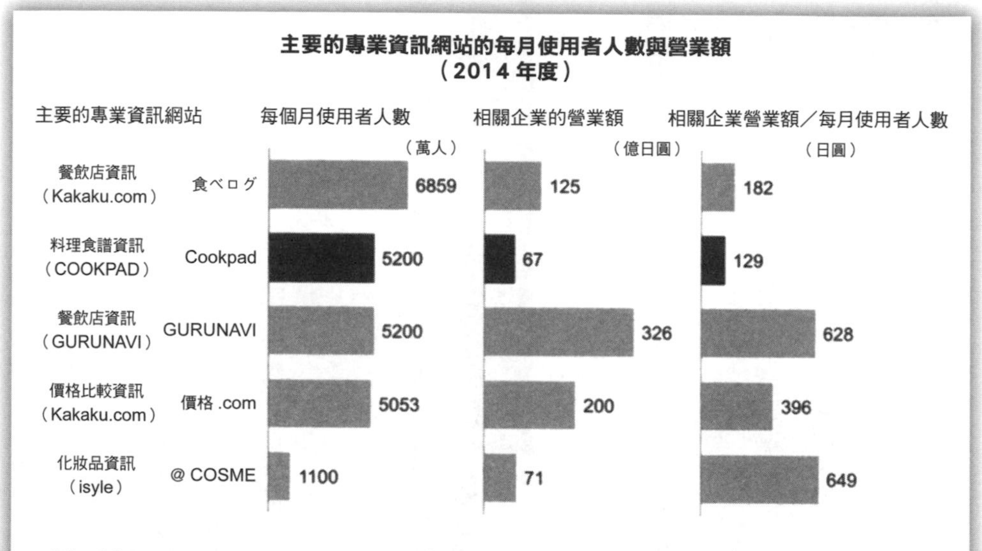
主要的專業資訊網站的每月使用者人數與營業額
（2014 年度）
主要的專業資訊網站
每個月使用者人數
（萬人）
相關企業的營業額
（億日圓）
相關企業營業額／每月使用者人數
（日圓）
餐飲店資訊
（Kakaku.com）
食べログ
6859
125
182
料理食譜資訊
（COOKPAD）
Cookpad
5200
67
129
餐飲店資訊
（GURUNAVI）
GURUNAVI
5200
326
628
價格比較資訊
（Kakaku.com）
價格 .com
5053
200
396
化妝品資訊
（isyle）
@ COSME
1100
71
649
資料：取自各公司結算資料，由 BBT 大學綜合研究所製作

圖07｜極度仰賴會員事業收入，沒徹底活用身為「媒體」的價值
此外，提供化妝品資訊的「istyle」，其實體店面的營業額占超過三成

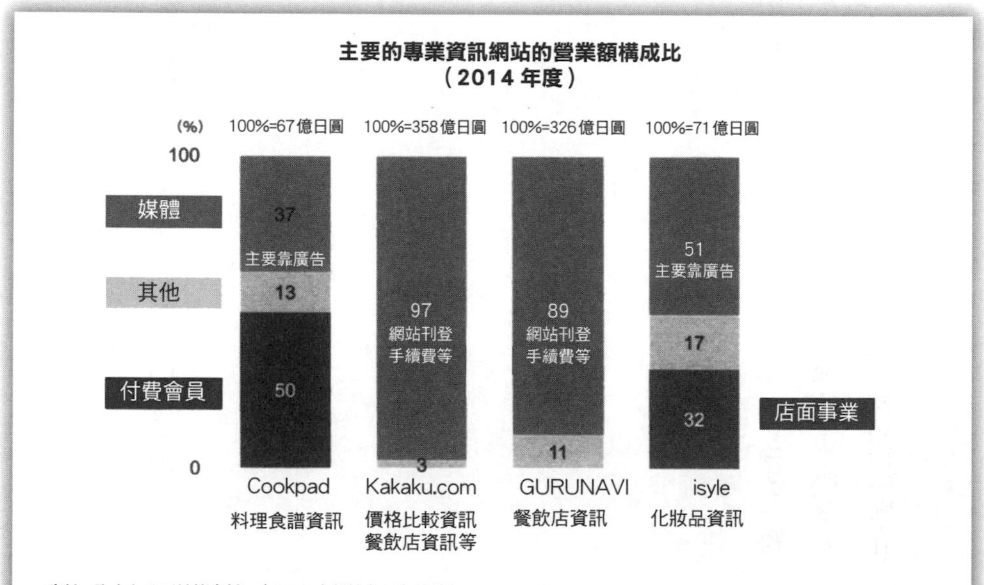
主要的專業資訊網站的營業額構成比
（2014 年度）
（%）
100%=67 億日圓
100%=358 億日圓
100%=326 億日圓
100%=71 億日圓
100
0
媒體
其他
付費會員
店面事業
37
主要靠廣告
13
50
97
網站刊登
手續費等
3
89
網站刊登
手續費等
11
51
主要靠廣告
17
32
Cookpad
料理食譜資訊
Kakaku.com
價格比較資訊
餐飲店資訊等
GURUNAVI
餐飲店資訊
isyle
化妝品資訊
資料：取自各公司結算資料，由 BBT 大學綜合研究所製作

若以相關企業營業額除以每月使用者人數，更會突顯出這樣的傾向。Cookpad的使用者，平均每個人一個月的營業額為一二九日圓，與GURUNAVI的六二八日圓、Kakaku.com的三九六日圓相比，明顯偏低。

無法活用其媒體價值，事業的收益陷入苦戰

為什麼Cookpad空有每個月五五〇〇多萬人的使用人數，營業額規模卻遠遠比不上其他公司呢？

看圖07的主要專業資訊網站的營業額構成比率會發現，Cookpad的營業額六十七億日圓當中，50％是會員事業收入，37％是廣告事業收入。

另一方面，Kakaku.com的營業額三五八億日圓當中，有97％是廣告事業收入，GURUNAVI則是在營業額三二六億日圓中，有89％是廣告事業收入。與這兩家公司的數字相比後可以看出，Cookpad大部分仰賴會員事業收入，廣告事業收入則相當薄弱。換句話說，它沒充分活用自己身為媒體的價值。

此外，化妝品資訊網站「@COSME」的每個月使用者人數約一一〇〇萬人，只有Cookpad的五分之一，但經營該網站的istyle營業額規模卻高達七十一億日圓，遠勝Cookpad，其中三成多是店面事業所帶來的營業額。相對於展開各種服務，但都不夠全

圖08｜當主力的會員事業，雖然每月使用者人數成長，
但付費會員人數的成長卻不如預期

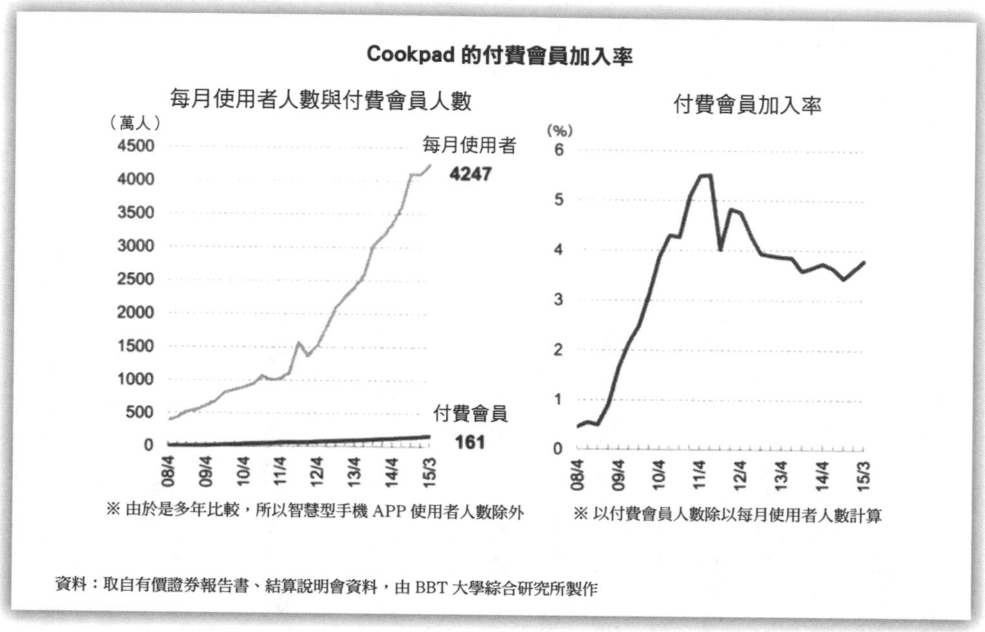
Cookpad 的付費會員加入率
每月使用者人數與付費會員人數
（萬人）
4500
4000
3500
3000
2500
2000
1500
1000
500
0
每月使用者
4247
付費會員
161
08/4
09/4
10/4
11/4
12/4
13/4
14/4
15/3
※ 由於是多年比較，所以智慧型手機 APP 使用者人數除外
付費會員加入率
(%)
6
5
4
3
2
1
0
08/4
09/4
10/4
11/4
12/4
13/4
14/4
15/3
※ 以付費會員人數除以每月使用者人數計算
資料：取自有價證券報告書、結算說明會資料，由 BBT 大學綜合研究所製作

力投入的 Cookpad，istyle 全力投入實體店面的營運，扎實的推動收益事業化。

作為主力的付費會員事業也成長停滯

Cookpad 的每月使用者人數，在這七年間成長了約十倍之多（圖08）。但付費會員人數成長不如預期，相對於每月使用者人數，加入會員的比率從巔峰期的5%超減少為3%。相對於每月使用者人數的五五〇〇萬人（包含使用智慧型手機者），付費會員人數只有一六〇萬人，從一般使用者發展成付費會員的轉變率非常低，希望能成長到

五〇〇萬人之多。

如前所述，Cookpad雖然以多樣的點子發展出各種事業，但並未全力投入，努力讓使用者願意掏出二八〇日圓繳交月費，因而會員事業成長不如預期。

Cookpad的三項成長戰略

強化企業走向服務，鎖定增加廣告收入

根據以上的現狀，可以看出今後的課題（圖09）。

第一個課題，要強化媒體功能。雖是每個月有五五〇〇萬人造訪的媒體，廣告事業的成長卻不如預期，要打破這樣的現狀，當務之急就是強化企業走向的服務。例如使用食品及調理器具製造商的商品，為其設置專用食譜網站，加強製造商走向的付費服務功能。此外，對Web、電視、動畫網站、書籍等多媒體的因應，今後這方面的需求應該也會愈來愈多。

與活用自家公司內容的實體事業合作

接下來想到的，是強化與實體事業的合作。

Cookpad 針對餐飲、美容、健康相關等，展開各種服務，但因為沒抓緊既有的使用者，所以大部分服務都無法轉為收益事業。除了會員事業收入、廣告事業收入外，如果要再確保新的收益來源，就得強化與實體事業的合作，這點極為重要。

例如在超市或便利超商等零售店內設置 Cookpad 的店內店，以可以輕鬆照著人氣食譜做的食材組合來銷售，我想這應該會帶來不小的震撼。尤其便利超商也會希望顧客能多買他們的生鮮食品，所以像這種帶有話題性的成套商品，對賣方而言也有不少好處。

此外，投入料理教室事業、收購像「ABC Cooking」這樣的大型教室、強化與食材食品網購的合作，也是有效的戰略。

網羅先前沒掌握好的使用者，提高付費會員人數

第三個課題，是將免費會員轉為付費會員。

Cookpad 有五五〇〇萬名的每月使用者人數，但付費會員卻只有一六〇萬人，會員

圖9｜強化媒體功能、強化與實體事業的合作、將之前沒掌握好的使用者變成付費會員，是其面對的課題

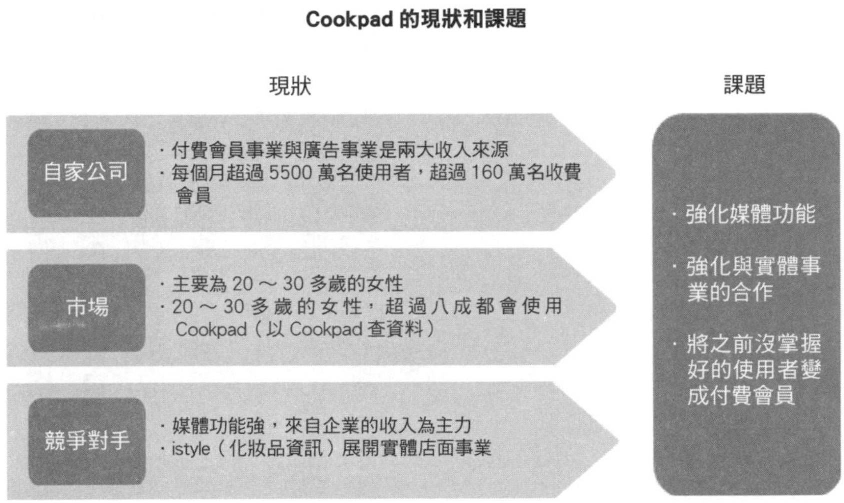
Cookpad 的現狀和課題
現狀
課題
自家公司
・付費會員事業與廣告事業是兩大收入來源
・每個月超過 5500 萬名使用者，超過 160 萬名收費會員
市場
・主要為 20 ～ 30 多歲的女性
・20 ～ 30 多歲的女性，超過八成都會使用 Cookpad（以 Cookpad 查資料）
競爭對手
・媒體功能強，來自企業的收入為主力
・istyle（化妝品資訊）展開實體店面事業
・強化媒體功能
・強化與實體事業的合作
・將之前沒掌握好的使用者變成付費會員

資料：BBT 大學綜合研究所製作

圖10｜擴充企業走向的服務，強化與實體店面的合作，讓免費會員轉為付費會員

Cookpad 的方向性（案）

強化媒體功能	・擴充企業走向的服務 ・對食品製造商、調理器具製造商走向的付費服務功能，要加以充實（例如設置使用製造商產品的專用食譜網站等） ・強化對多媒體的因應（Web、電視、動畫網站、書……）
強化與實體事業的合作	在超市、超商開設 Cookpad 企劃商品的賣場 ・直接投入料理教室事業，收購大型教室 ・強化與食材、食品網購的合作，或是直接投入其中
讓先前沒掌握好的使用者轉為付費會員	・加深與實體店面的合作，強化使用者能得到的好處，促使免費會員轉為付費會員 ・強化對女性銀髮族的訴求，同時開拓、強化男性使用者的市場

資料：BBT 大學綜合研究所製作

轉變率過低，此乃其現況。要網羅先前沒掌握好的使用者，不妨加深與實體店面的合作，加強成為付費會員能得到的好處，這也是個辦法。

例如成為Cookpad的付費會員後，在合作的超市或便利超商就能享有折扣或點數，給使用者誘因，讓他們覺得就算付二八〇日圓的會費還是很划算。

此外，現在的主要客群是二十～三十多歲的女性，不過，可加強對女性銀髮族以及男性的訴求，以獲得新的使用者。

強化企業走向的服務、強化與實體店面的合作、讓免費會員轉為付費會員。這就是我對「如果我是Cookpad的代表」所做的回答。

歸 納

- 擴充企業走向的服務，強化媒體功能。
- 強化與實體事業的合作，確保新的收益來源。
- 加深與實體店的合作，給予誘因，讓免費會員成為付費會員。

大前的總結

不同的3C定義。自己的公司到底是什麼？要持續對此重新定義。

Cookpad眼中的顧客有免費會員、付費會員、刊登廣告者等，範圍相當廣泛，對顧客的定義相當多面性。與不斷變動的顧客處在這層關係下，要時時思索公司要提供什麼，重新建構戰略。

CASE 9

日本經濟新聞社

不讓「收購」白白浪費的戰略

如果你是**日本經濟新聞社**的的社長，
處在銷量和營業額一片低迷的情況下，
要如何與 Financial Times Group 產生相乘作用？

DATA

正式名稱	日本經濟新聞社股份有限公司
創刊	一八七六年十二月
總公司所在地	東京都千代田區
業種	資訊通訊業
事業內容	以報紙為主要事業的股份有限公司
資本額	二十五億日圓（二〇一四年十二月五日）
營業額	相關企業三〇〇六億日圓、公司本身一七〇四億日圓（二〇一四年十二月期）
國內分店	全國五十四處
國外採訪據點	美國編輯總局、歐洲編輯總局等，共三十六處
員工數	相關公司員工人數 八九九二人、該公司員工數三〇一六人（二〇一四年十二月底）
官方網站	http://www.nikkei.co.jp/

※2015年8月現在

大膽收購 Financial Times Group 的日本經濟新聞社

高價收購Financial Times Group，震撼媒體界

二〇一五年七月，日本經濟新聞社（以下簡稱日經）以八億四四〇〇萬英鎊（約一六〇〇億日圓）收購英國有力金融專業報紙 Financial Times（以下簡稱ＦＴ）的發行者 Financial Times Group（以下簡稱 FT Group）。

這次的收購在各方面都頗受矚目。收購金額從 FT Group 的收益力來看，算是相當高額，所以媒體爭相報導，這樣的收購能帶來什麼好處？新聞文化互異的兩家公司能順利融合嗎？與財經界關係深遠的日經，對於企業的醜聞向來都採取消極的報導態度，這會不會對ＦＴ帶來不良影響？

日經聲稱會維持ＦＴ編輯權的獨立性，但不管怎樣，為了抹除人們這些擔憂，日經要如何與 FT Group 產生相乘效果，共同建構成長戰略，事關重大。

範圍廣泛的綜合媒體集團

日經是以從事新聞事業的核心公司為事業主體的股份有限公司，旗下經手出版事業、印刷、製作、廣告、販售、金融資訊、資料、電視等，是綜合媒體集團（圖01）。其事業核心日本經濟新聞（以下簡稱日經新聞），在國內五大全國報當中，銷售份數排第四，營業額排第三（圖02）。

銷售份數最多的是讀賣新聞，接著是朝日新聞、每日新聞，之後才是日經新聞、產經新聞。之所以營業額的排名高於銷售份數，是因為它是全國報當中唯一的經濟報，形成了差異化，並以其高專業性和品牌力，訂下比其他報紙更高的價錢，此乃其強勢之處。

因網路普及和雷曼兄弟連動債券事件，報紙衰退

雖說有品牌力，但日經的業績並非高枕無憂。

因二〇〇八年的雷曼兄弟連動債事件，企業的廣告費減少，二〇〇九年的營利大幅下滑，由盈轉虧（圖03）。現在雖已恢復，能有一〇〇億日圓左右的淨利，但與雷曼兄弟連動債事件前相比，營業額和獲利仍舊低迷。

圖01｜以新聞事業為核心，並涉足出版、金融資訊、電視等領域的媒體集團

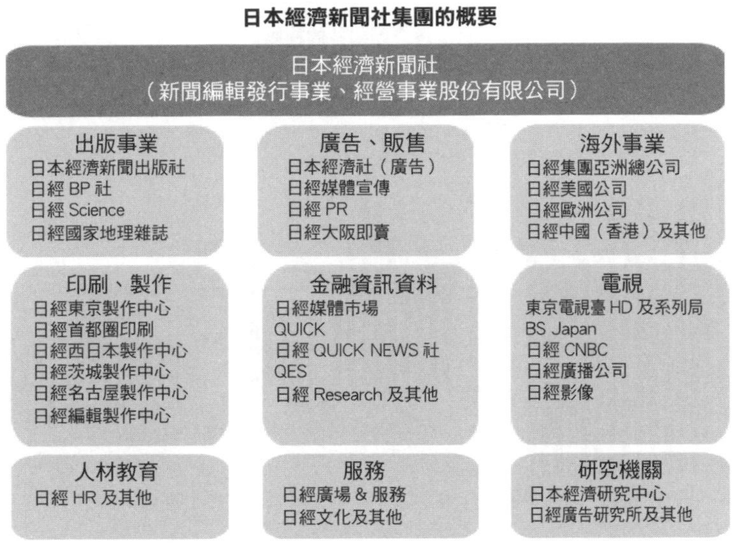
日本經濟新聞社集團的概要
日本經濟新聞社
（新聞編輯發行事業、經營事業股份有限公司）
出版事業
日本經濟新聞出版社
日經 BP 社
日經 Science
日經國家地理雜誌
廣告、販售
日本經濟社（廣告）
日經媒體宣傳
日經 PR
日經大阪即賣
海外事業
日經集團亞洲總公司
日經美國公司
日經歐洲公司
日經中國（香港）及其他
印刷、製作
日經東京製作中心
日經首都圈印刷
日經西日本製作中心
日經茨城製作中心
日經名古屋製作中心
日經編輯製作中心
金融資訊資料
日經媒體市場
QUICK
日經 QUICK NEWS 社
QES
日經 Research 及其他
電視
東京電視臺 HD 及系列局
BS Japan
日經 CNBC
日經廣播公司
日經影像
人材教育
日經 HR 及其他
服務
日經廣場 & 服務
日經文化及其他
研究機關
日本經濟研究中心
日經廣告研究所及其他

資料：取自日本經濟新聞社網頁，由 BBT 大學綜合研所製作

圖02｜在國內的全國報當中，銷售份數排名第四，營業額排名第三

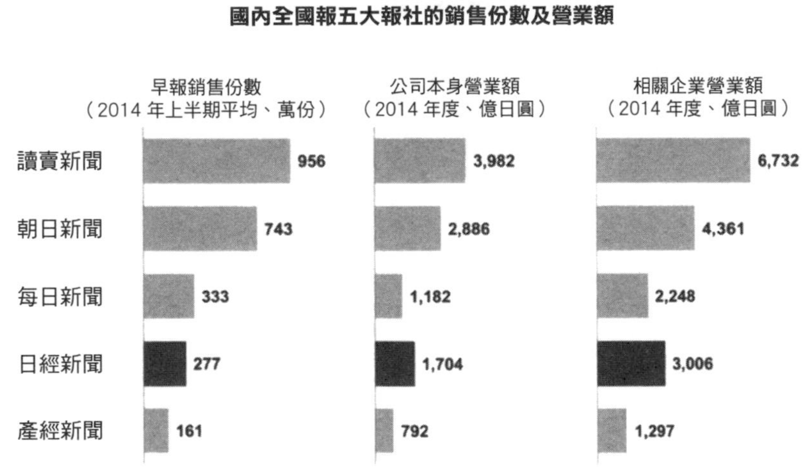
國內全國報五大報社的銷售份數及營業額
早報銷售份數
（2014 年上半期平均、萬份）
公司本身營業額
（2014 年度、億日圓）
相關企業營業額
（2014 年度、億日圓）
讀賣新聞
956
3,982
6,732
朝日新聞
743
2,886
4,361
每日新聞
333
1,182
2,248
日經新聞
277
1,704
3,006
產經新聞
161
792
1,297

※ 讀賣新聞的公司本身營業額合計，是採其核心的六家公司。日經新聞採十二月期結算，其他公司則是三月期結算。
資料：取自各公司的結算資料、讀賣新聞集團總公司概要，由 BBT 大學綜合研究所製作

圖03｜因雷曼兄弟連動債事件，收入大幅減少，之後一直持平

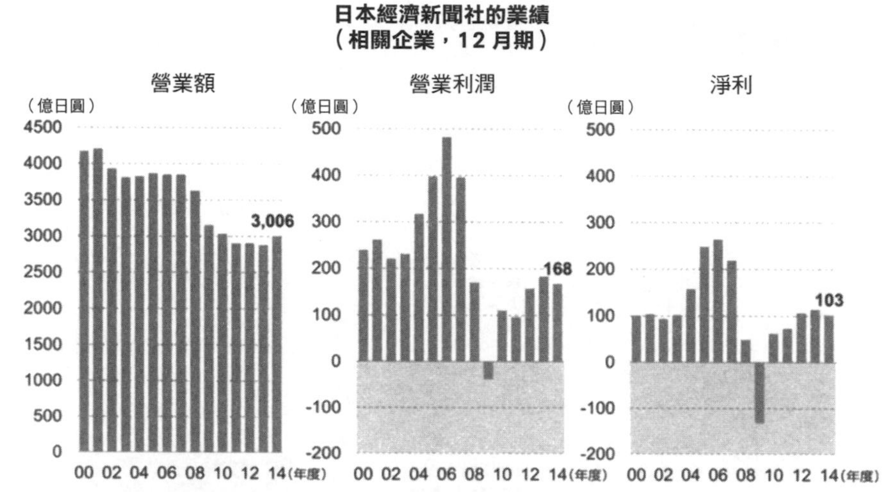
日本經濟新聞社的業績
（相關企業，12月期）
營業額
（億日圓）
3,006
營業利潤
（億日圓）
168
淨利
（億日圓）
103
00 02 04 06 08 10 12 14（年度）

資料：取自日本經濟新聞社有價證券報告書，由 BBT 大學綜合研究所製作

圖04｜各家公司的銷售份數都逐漸遞減，相關企業的營業額自雷曼兄弟連動債事件後便大幅減少

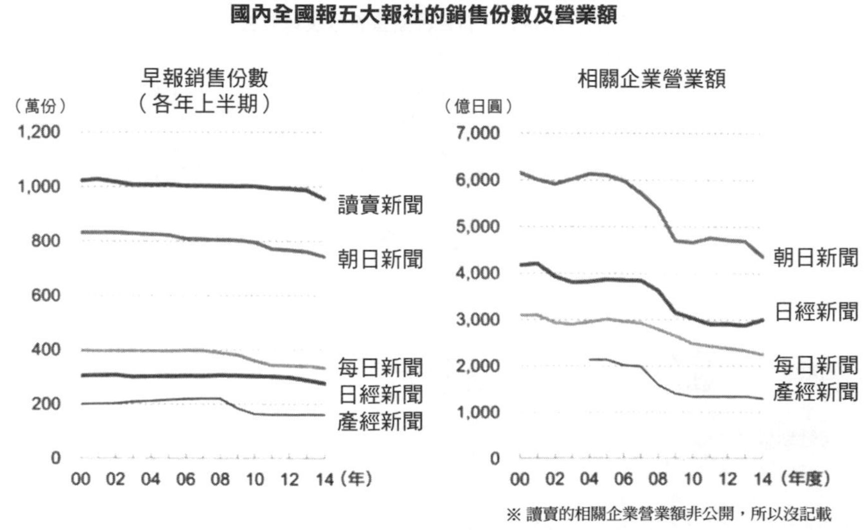
國內全國報五大報社的銷售份數及營業額
早報銷售份數
（各年上半期）
（萬份）
讀賣新聞
朝日新聞
每日新聞
日經新聞
產經新聞
00 02 04 06 08 10 12 14（年）
相關企業營業額
（億日圓）
朝日新聞
日經新聞
每日新聞
產經新聞
00 02 04 06 08 10 12 14（年度）
※ 讀賣的相關企業營業額非公開，所以沒記載

資料：取自各公司的有價證券報告書，由 BBT 大學綜合研究所製作

不光日經，其他報社也一樣。各家報社的銷售份數都日漸遞減，相關企業營業額自雷曼兄弟連動債事件發生後都大幅下滑（圖04）。

報紙發行份數的減少，研判與網路普及有關。

從網路日漸普及的九〇年代末起，發行份數便一直減少。國內整體的報紙發行份數，在九〇年代超過五三〇〇萬份，但二〇一四年減至四五三六萬份。

高額收購的實情：培生的算盤與日經的弱點

培生為什麼要賣掉FT Group？

FT Group的據點設在倫敦，是以教育出版、服務為核心事業的複合媒體企業「培生（Pearson）」旗下的集團。FT Group是由金融專業報紙FT、經濟雜誌經濟學人、進行著名的「FTSE指數」等股價指數的組成和管理的「FTSE」、提供金融資料服務的「IDC」所構成。母公司培生為了專注在教育服務事業上，自二〇一〇年起

圖05｜英國培生為了專注於教育服務事業上，將FT Group轉賣

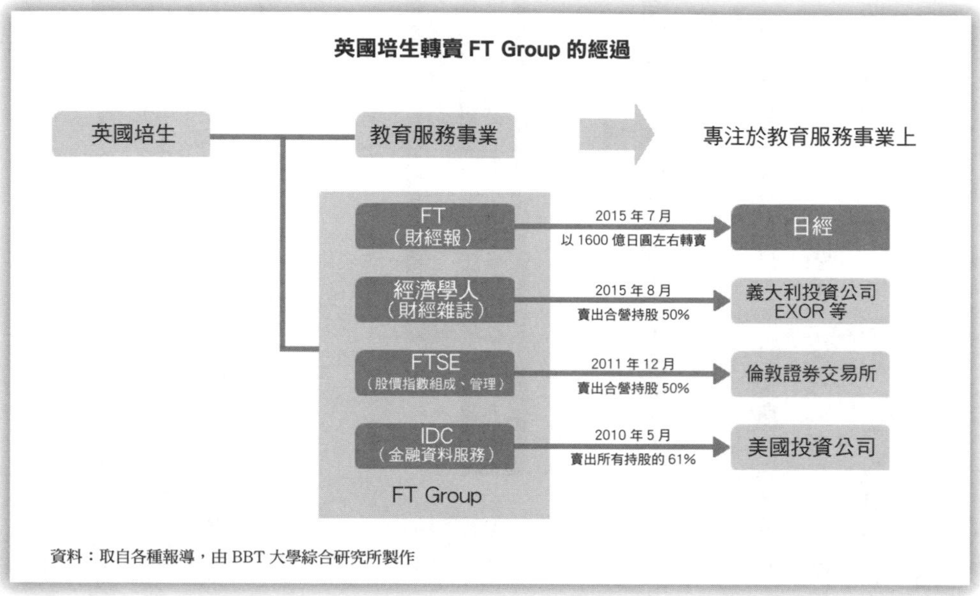
英國培生轉賣 FT Group 的經過
英國培生
教育服務事業
專注於教育服務事業上
FT
（財經報）
2015 年 7 月
以 1600 億日圓左右轉賣
日經
經濟學人
（財經雜誌）
2015 年 8 月
賣出合營持股 50%
義大利投資公司
EXOR 等
FTSE
（股價指數組成、管理）
2011 年 12 月
賣出合營持股 50%
倫敦證券交易所
IDC
（金融資料服務）
2010 年 5 月
賣出所有持股的 61%
美國投資公司
FT Group

資料：取自各種報導，由 BBT 大學綜合研究所製作

將FT Group連同事業整個轉賣。而FT Group轉賣給日經也算是其中的一環（圖05）。

此次的收購金額約一六〇〇億日圓，號稱巨額天價。如〔圖06／FT Group收購額的規模〕所示，相當於FT Group的營業利潤四十六億日圓的三十五年份，算是開出了破例的收購價。

日經手頭的流動資金為一三九一億日圓、營業利潤為一六八億日圓、EBITDA為三二一九億日圓，所以這次的收購感覺就像投注了一切。

FT Group轉賣一事，早在一年前就與發行大眾報的德國施普林格集團展開交涉。根據華爾街日報的報導，當時開出的收購價碼是FT Group營業利潤的十九倍左右，約八八〇億日圓。而日經的收購交涉才短短兩個月，開出的價碼約一六〇〇億日圓，將近是施普林格集團所開的兩倍價，所以培生以遠遠超乎預期的金額成功賣出。

日經與Financial Times 營業額雖不同，但利潤相差無幾

以日經和FT Group的業績做比較後發現，日經在營業額方面相當高（圖07）。FT Group的營業額約八六二億日圓，而日經光公司本身就有一七〇四億日圓，是FT Group的兩倍左右，若加上相關企業，約有三〇〇六億日圓，大約是三・五倍之多。

但若是就利潤基礎來看，日經的普通收益光公司本身是一三二億日圓，連同相關企業則是一九〇億日圓，而FT Group的營業利潤約為一〇六億日圓，差距不像營業額那麼大。此外，與日經收入減少的傾向相比，FT Group則是有收入增加的傾向。

圖06｜收購金額約是FT Group營業利潤的35倍，超出日經的手頭流動資金

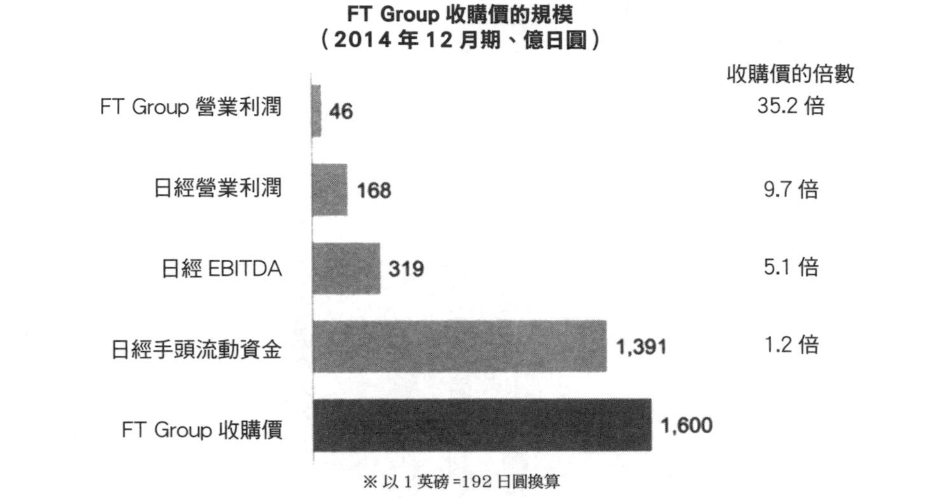

資料：取自日本經濟新聞社有價證券報告書、各種報導，由 BBT 大學綜合研究所製作

圖07｜FT Group的營業額只有日經公司本身營業額的一半，但營業利潤卻幾乎一樣多

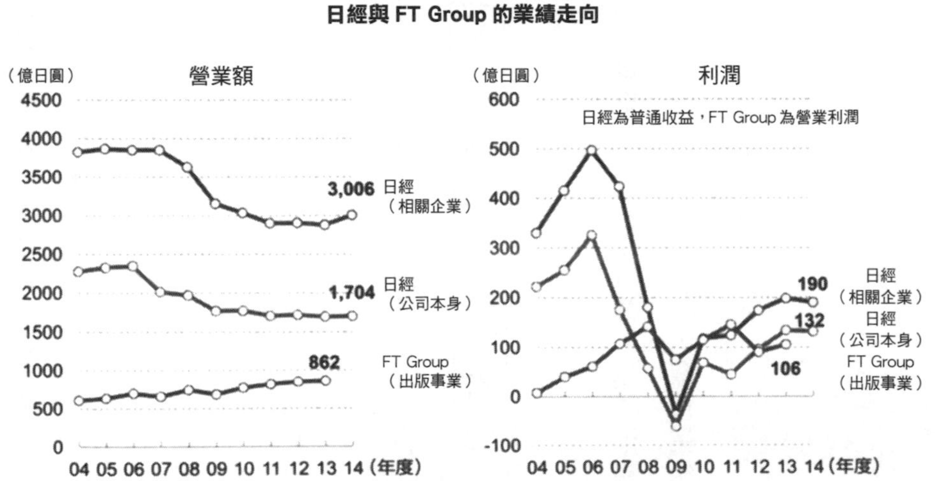

※ 以 1 英磅 =192 日圓換算，FT Group 於 2014 年沒記載

資料：取自日本經濟新聞社有價證券報告書、培生結算資料，由 BBT 大學綜合研究所製作

ＦＴ成功轉往數位化，付費合約數目增加

FT Group利益增加的主要原因之一，是ＦＴ成功轉往數位化，付費合約數增加。ＦＴ是全球數位化最完備的金融專業報紙。在所有的付費合約數方面，數位版的合約數於二〇〇四年有七．八萬件，接著逐漸增加，在二〇一四年時達到五十．四萬件，占總合約數的七成左右。隨著數位版的增加，整體的合約數也跟著增加，從二〇〇四年的五十萬件到二〇一四年的七十三萬件，增加了約一．五倍（取自培生公司結算資料）。

ＦＴ的紙版以粉紅色紙張聞名，但並非全球各地都能取得。而只要能連接網路，任何人都能取得的數位版，因為報導內容佳而擁有了高人氣。

另一方面，日經新聞在日美歐的主要財經報當中，其付費合約數最多，但數位比率卻最低。如圖08所示，與日美歐這四份報紙相比，付費合約數以日經新聞的三一七萬件最多，接著是華爾街日報的二二〇萬件、紐約時報的一七八萬件、ＦＴ的七十三萬件。但關於數位比率，這個順位則完全相反，第一名是ＦＴ的69.1％，日經新聞則只有13.6％。

圖08｜日經新聞的合約數多，但如何轉往數位是其課題

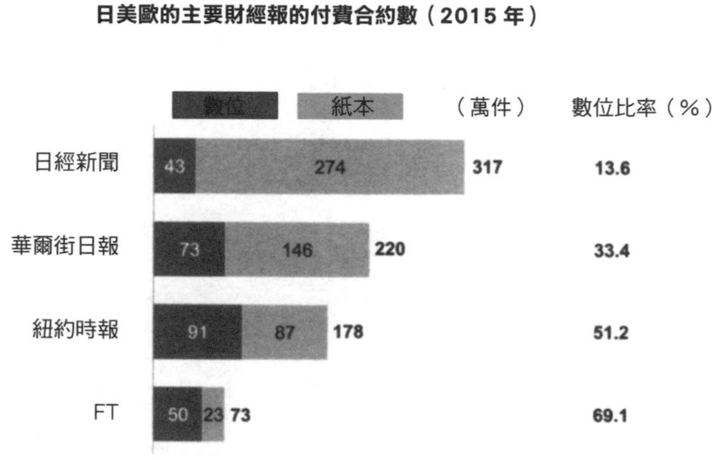
日美歐的主要財經報的付費合約數（2015 年）
數位
紙本
（萬件）
數位比率（%）
日經新聞
43
274
317
13.6
華爾街日報
73
146
220
33.4
紐約時報
91
87
178
51.2
FT
50
23
73
69.1

資料：取自《日本經濟新聞》2015/7/24、日本經濟新聞社媒體資料 2015，由 BBT 大學綜合研究所製作

圖09｜日本市場有四成的成人人口會購買報紙，這在全球也算是很特殊的市場

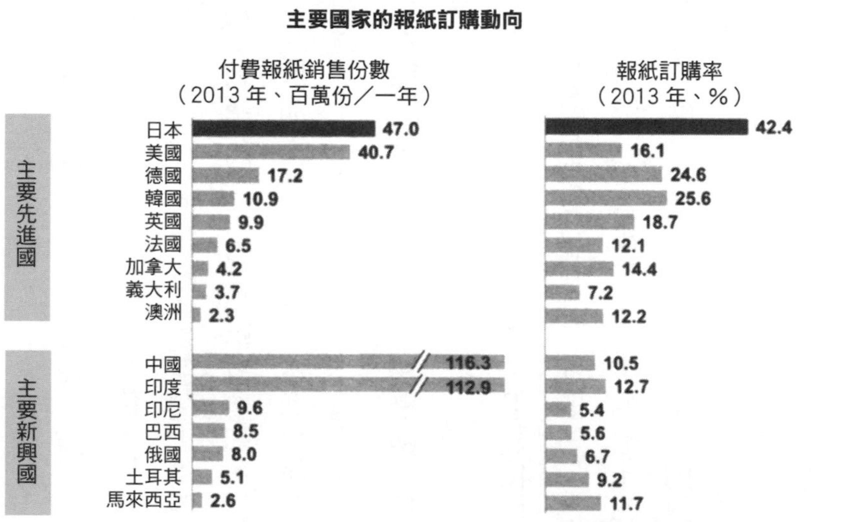
主要國家的報紙訂購動向
付費報紙銷售份數
（2013 年、百萬份／一年）
報紙訂購率
（2013 年、%）
主要先進國
日本 47.0 42.4
美國 40.7 16.1
德國 17.2 24.6
韓國 10.9 25.6
英國 9.9 18.7
法國 6.5 12.1
加拿大 4.2 14.4
義大利 3.7 7.2
澳洲 2.3 12.2
主要新興國
中國 116.3 10.5
印度 112.9 12.7
印尼 9.6 5.4
巴西 8.5 5.6
俄國 8.0 6.7
土耳其 5.1 9.2
馬來西亞 2.6 11.7

※ 以付費報紙銷售份數除以成人人口所計算

資料：取自 World Association of Newspaper and NewsPublishers
《World Press Trends 2014》，由 BBT 大學綜合研究所製作

抗拒全球化的日本市場與日經的特殊性

日本是「愛看報紙」的特殊市場

從之前的內容中可以明白，在日本還是以閱讀紙本報紙的人居多，這是其特色。而且在主要先進國當中，日本的付費報紙販售份數最多，有超過四成的成人人口都會購買報紙，在全球也算是極為特殊的市場（圖09）。

美國的銷售份數為四〇七〇萬份，但成人人口中所占的購買率只有16.1％。德國和韓國的購買率為25％左右，但銷售份數分別為一七二〇萬份、一〇九〇萬份。

而另一方面，以主要的新興國家來看，中國、印度由於人口眾多，銷售份數超過一億一〇〇〇萬份，但購買率卻分別為10.5％和12.7％。

日本人的「愛看報紙」，也充分顯現在報紙發行份數的排名上。圖10是全球的報紙發行份數排行，排名第一到第三的是讀賣新聞、朝日新聞、每日新聞，由日本的報紙獨占。雖說現在日本也愈來愈多人不看報了，但這在全球來看，仍算是很特殊的狀況。

圖10｜全球的報紙發行份數排名，日本的報社包辦了前三名

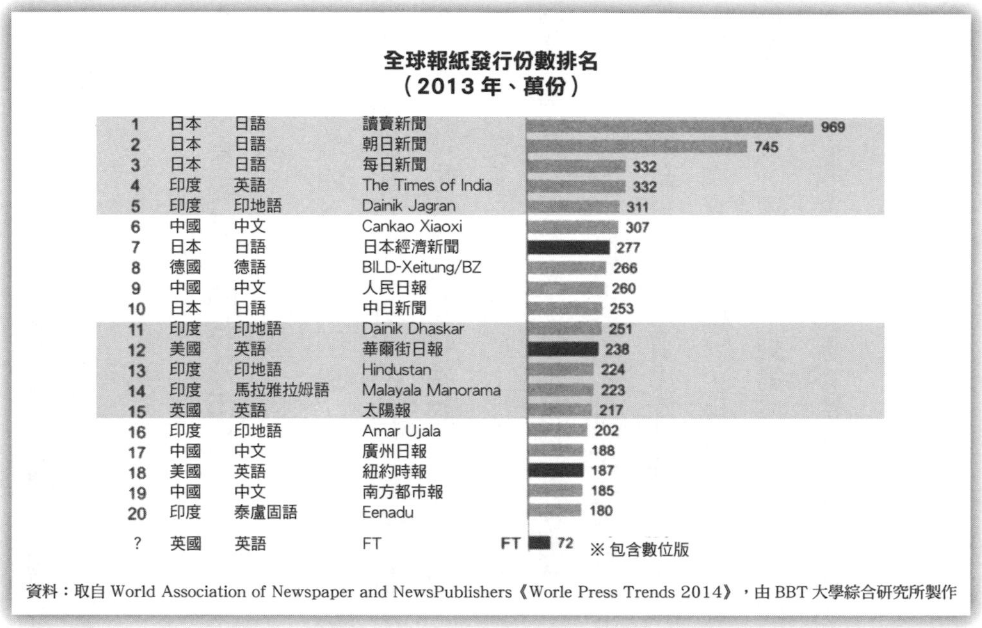
全球報紙發行份數排名
（2013年、萬份）
1 日本 日語 讀賣新聞 969
2 日本 日語 朝日新聞 745
3 日本 日語 每日新聞 332
4 印度 英語 The Times of India 332
5 印度 印地語 Dainik Jagran 311
6 中國 中文 Cankao Xiaoxi 307
7 日本 日語 日本經濟新聞 277
8 德國 德語 BILD-Xeitung/BZ 266
9 中國 中文 人民日報 260
10 日本 日語 中日新聞 253
11 印度 印地語 Dainik Dhaskar 251
12 美國 英語 華爾街日報 238
13 印度 印地語 Hindustan 224
14 印度 馬拉雅拉姆語 Malayala Manorama 223
15 英國 英語 太陽報 217
16 印度 印地語 Amar Ujala 202
17 中國 中文 廣州日報 188
18 美國 英語 紐約時報 187
19 中國 中文 南方都市報 185
20 印度 泰盧固語 Eenadu 180
? 英國 英語 FT FT 72
※包含數位版
資料：取自 World Association of Newspaper and NewsPublishers《Worle Press Trends 2014》，由 BBT 大學綜合研究所製作

比其他報都貴的日經新聞的訂購費，是其全球化的阻礙

付費合約數多的日經新聞，其訂購費可不便宜。數位版一個月的訂購費，FT約三二九〇日圓、華爾街日報約二一四九日圓、紐約時報約一八〇〇日圓，但日經新聞卻是四二〇〇日圓，價格頗高。

日經之所以能維持這個價格，可說是因為日本市場的特殊性，但今後要推動全球化，日經的高訂購費會是個嚴重的阻礙。

藉由將FT活用至極限的數位化及全球化來改善業績

應該將目標放在擺脫廣告收入模式以及擴大訂購者人數

整理過日經的現狀後發現，雷曼兄弟連動債事件發生後，獲利大幅減少，今後應該會更為嚴重，不看好能藉由減少銷售份數來恢復業績。

國內市場在全球來看，也是大有可為的市場，但長期以來都有逐漸縮小的趨勢。今後必須推動全球化，但與全球的競爭者相比，高額的訂購費將會是絆腳石。

為了改善這樣的狀況，推動轉往數位版，擺脫廣告收入模式，以全球化來擴大訂購者人數，是其今後的課題（圖11）。

應該套用FT的技術，推動數位化

關於往數位版的移轉，應該要招聘FT的數位化團隊來推動數位化（圖12）。不再著重紙本版，而是以數位版為主，不妨以數位版的格式來製作紙本版。因此，紙本版的版面也必須從現今的直書全部改為橫書。要推動全球化，不就應該活用ＦＴ的品牌嗎？將日經新聞定位成ＦＴ內部的日本專業資訊，以此向ＦＴ的讀者宣傳，並利用ＦＴ的契約，以折扣價推廣日經國際版，這些都是可行的方法。

與ＦＴ相互合作，推動全球化

那麼，應該要如何來活用ＦＴ的品牌呢？

具體來說，可以採用在ＦＴ當中加入四頁左右的日經新聞報導。當中的兩頁可用一般報導，另外兩頁則用亞洲相關的報導。ＦＴ在香港等地也安排了有實力的工作人員，不過在亞洲相關的報導方面似乎不太拿手。日經新聞有東南亞國家協會（ASEAN）的大企業相關的詳細報導，這類的報導可以刊登在ＦＴ上。責任編輯要在日經新聞內作業，避免侵犯ＦＴ的編輯權。

同樣的，日經新聞內也可加入ＦＴ的報導。ＦＴ上刊登了和經濟分析有關的優質報導，所以這能對讀者產生宣傳效果。現在日經新聞上已有一小塊空間會刊出ＦＴ的報導，若能擴增為兩頁不是很好嗎？

互相幫助，推動這樣的做法，是雙方共同邁出的第一步。

圖11｜「推動轉往數位版」、「全球化」，是其課題

日本經濟新聞社的課題

現狀

自家公司
・雷曼兄弟連動債事件後，收入大幅減少，不看好能恢復原本的收入
・銷售份數遞減，不看好廣告收入能增加

市場
・國內發行份數長期有減少的趨勢
・日本的訂購費雖然高，卻以高訂購率自豪，市場情況特殊

競爭對手
・以日語資訊為主，高額的訂購費是全球化的絆腳石
・與國外的主要財經報相比，數位化遲遲沒推動

課題
・推動轉往數位版（擺脫廣告收入模式）
・全球化（擴大訂購者人數）

資料：BBT 大學綜合研究所製作

圖12｜套用FT的數位化技術，活用FT的品牌，展開全球化

日本經濟新聞社的方向性（案）

推動轉往數位版（擺脫廣告收入模式）
・招聘 FT 的數位化團隊推動數位化
・紙本版全部改為橫書，以數位版為主，照數位版的格式來製作紙本版

全球化
・主打 FT 的品牌，以搭 FT 順風車的形式來推動全球化
・將日經新聞定位成 FT 內部的日本專業資訊
・利用 FT 的契約，以折扣價推廣日經國際版

資料：BBT 大學綜合研究所製作

歸納

- 活用 FT 的技術，推動數位化和全球化，以求擴大付費簽約者人數、擺脫廣告收入模式。以數位版為主，紙本版改為橫書。
- 活用 FT 的全球品牌力，推動日經新聞的全球化，在 FT 上刊登日經新聞的日本專業資訊報導，向 FT 的讀者宣傳，以求擴大訂購者人數。

大前的總結

要如何創造出足以回收收購金的相乘作用？

支付超出時價的收購金所造成的虧損，想要加以填補，就必須發揮 1+1 大於 2 的相乘作用。為此，必須事前先仔細調查生產據點、IT 系統、企業文化，以及特別需要哪種合併。

CASE 10

Airbnb

「法規限制」與「成長」的兩難

如果你是 **Airbnb** 日本法人代表，
眼看東京奧運在即，
你要如何因應既有的法規限制，來擬定成長戰略？

DATA

正式名稱	Airbnb, Inc.
設立	二〇〇八年八月
總公司所在地	美國加州舊金山市
共同創業者	Joe Gebbia、Brian Chesky、Nathan Blecharczyk
日本法人設立	二〇一四年五月
日本法人代表	代表取締役　田邊泰之
行業	服務業
事業內容	家庭旅館仲介、訂房網站之營運
官方網站	http://www.airbnb.jp/

※2015年10月現在

對旅遊業帶來衝擊的新服務

在全球一九〇國展開，成長為巨大市場

Airbnb 是經營家庭旅館（※與民宿不同，沒通過民宿申請。）仲介、訂房網站的公司，將民宅或空屋轉為旅客住宿之用。二〇〇八年設立於舊金山，二〇一四年五月還成立日本法人。房屋物件的登錄件數在一九〇國、三四〇〇〇個都市中，約有二〇〇萬件，日本國內的登錄件數約一六〇〇〇件，這幾年更是大幅成長（取自 Airbnb 網頁及各種報導）。

服務的使用方法很簡單，想出租空屋或空房的主人（個人或代理業者）可在 Airbnb 上登錄房屋物件，並自由設定住宿費用。而客人（旅客等）則是在網路上預約想住宿的物件，透過 Airbnb 支付住宿費，兩者之間沒有金錢往來（圖01）。

Airbnb 從主人那裡收取住宿費的3％作為結帳代辦手續費，從客人那裡收取住宿費的6～12％作為介紹費，合計共有9～15％的仲介手續費收入。

圖01｜擔任房屋物件資訊、使用者、結帳的仲介，並從主人那裡收3%，從客人那裡收6～12%的手續費

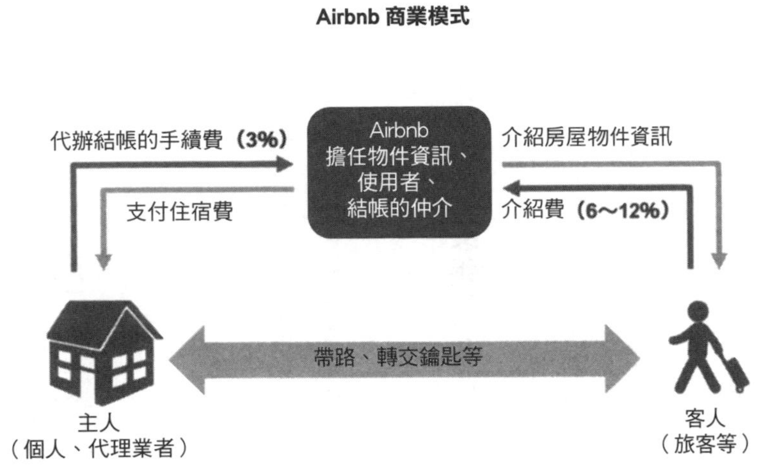
Airbnb 商業模式
代辦結帳的手續費（3%）
支付住宿費
Airbnb
擔任物件資訊、
使用者、
結帳的仲介
介紹房屋物件資訊
介紹費（6～12%）
帶路、轉交鑰匙等
主人
（個人、代理業者）
客人
（旅客等）

資料：取自各種報導，由 BBT 大學綜合研究所製作

企業價值三・一兆日圓比大型飯店集團還高

創業三年多，幾乎沒有任何營業額，一直陷入苦戰的Airbnb，二〇一三年時，營業額約三〇〇億日圓，二〇一四年約五〇〇億日圓，預估二〇一五年時將會超過一〇〇〇億日圓，目前持續急速成長。

看圖02可以發現，Airbnb的企業價值為三・一兆日圓，在非上市創業公司中排名第三。第一名是以智慧型手機APP進行計程車配車服務的「Uber」（六・一兆日圓。請參照七五頁）、第二名是中國的平價智慧型手機「小米」（五・五兆日圓。請參照一三二頁）。

「希爾頓」的企業價值為三兆日圓，「萬豪國際」為二・四兆日圓，「喜達屋」為一・四兆日圓，全球大型飯店集團的市價總額都不及Airbnb的企業價值，該公司創業至今僅短短七年，便已超越其他年代久遠的飯店集團的市價總額（取自Reuters）。

閒置經濟緊急擴大的背後潛藏的問題

全球矚目的Uber，在各國引發許多問題

在商品滯銷的時代，活用閒置的資產或時間，作為轉換成金錢的一套經營戰略，此種「閒置經濟（共享經濟）」正急速擴大中，但在許多案例上，法律的配套措施都還沒到位，這是目前的現況。

在此舉利用智慧型手機APP提供計程車配車服務的Uber為例，來思考閒置經濟的問題點吧（圖03）。

圖02｜Airbnb創業七年，已有3.1兆日圓的企業價值

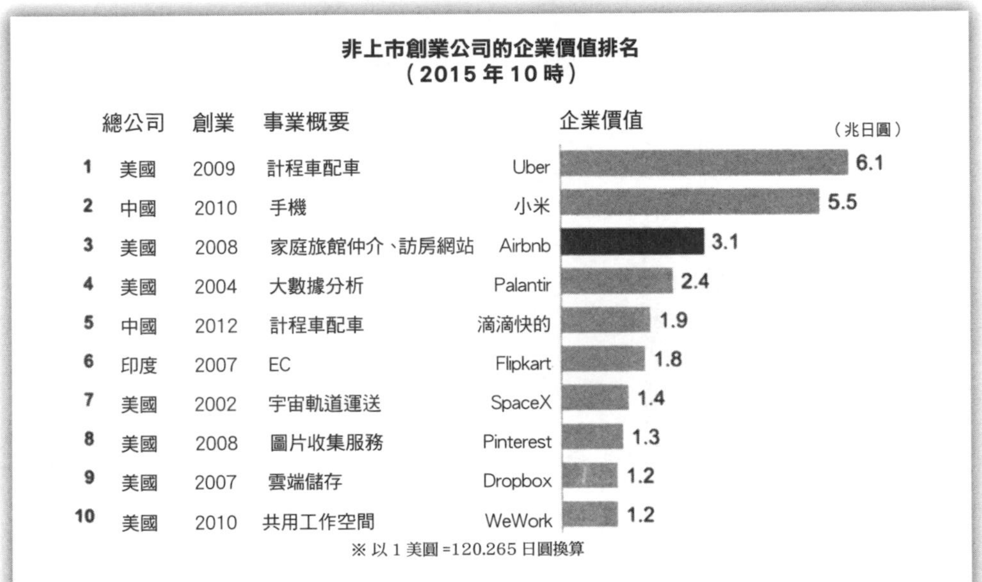
非上市創業公司的企業價值排名
（2015年10時）
總公司 創業 事業概要 企業價值
（兆日圓）
1 美國 2009 計程車配車 Uber 6.1
2 中國 2010 手機 小米 5.5
3 美國 2008 家庭旅館仲介、訪房網站 Airbnb 3.1
4 美國 2004 大數據分析 Palantir 2.4
5 中國 2012 計程車配車 滴滴快的 1.9
6 印度 2007 EC Flipkart 1.8
7 美國 2002 宇宙軌道運送 SpaceX 1.4
8 美國 2008 圖片收集服務 Pinterest 1.3
9 美國 2007 雲端儲存 Dropbox 1.2
10 美國 2010 共用工作空間 WeWork 1.2
※以1美圓=120.265日圓換算

資料：取自 The Billion Dollar Startup Club, The Wall Street Journal，由 BBT 大學綜合研究所製作

圖03｜閒置經濟（共享經濟）還沒有法律的配套措施，在法律依據和安全管理責任模糊不明的情況下仍持續擴大

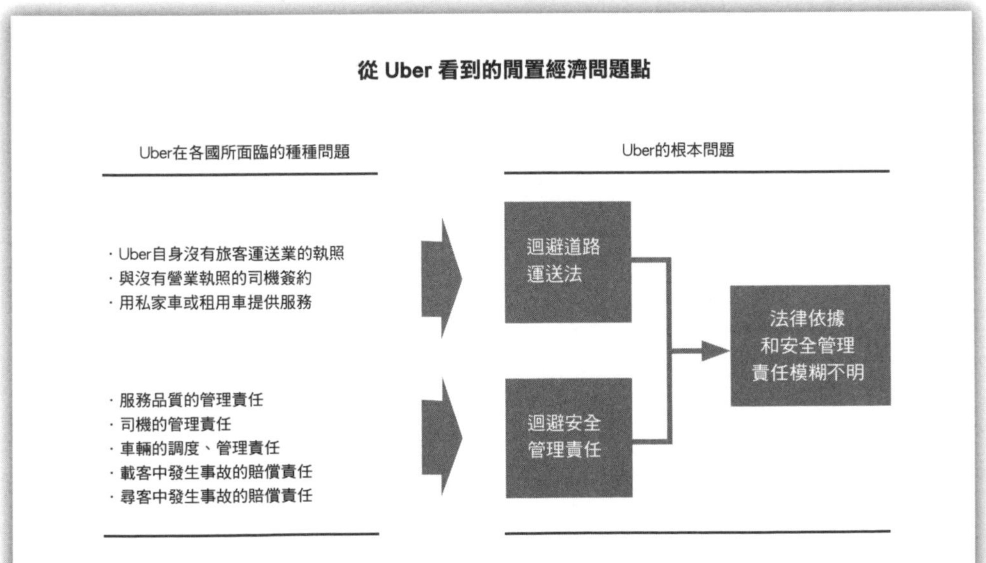
從 Uber 看到的閒置經濟問題點
Uber在各國所面臨的種種問題
Uber的根本問題
・Uber自身沒有旅客運送業的執照
・與沒有營業執照的司機簽約
・用私家車或租用車提供服務
迴避道路運送法
・服務品質的管理責任
・司機的管理責任
・車輛的調度、管理責任
・載客中發生事故的賠償責任
・尋客中發生事故的賠償責任
迴避安全管理責任
法律依據和安全管理責任模糊不明

資料：取自大前研一 live《Uber》2015/1/4 播放，由 BBT 大學綜合研究所製作

Uber與一般的計程車公司不同，他們沒有可用來載客收取車資的執照。此外，由於他們和沒有營業執照的司機簽約，以個人私家車或租用車充當司機的人絡繹不絕，在道路運送法方面造成了問題。

此外，服務品質的管理責任、司機的管理責任、車輛的調度管理責任、載客中發生的事故賠償責任、邊開計程車邊找乘客，亦即所謂「尋客中」發生事故的賠償責任，這所有責任的歸屬都很模糊不明。

就像這樣，在法律依據及安全管理責任都模糊不明的情況下繼續營業的結果，在各國面對了各種問題，例如收到提告或營業停止處分。

Airbnb合法嗎？

像Airbnb這類的家庭旅館，明確的法律規範並不完備，也面臨同樣的問題（圖04）。

根據國內旅館業法的定義，收取住宿費供人住宿的營業形態，稱之為旅館業。要經營旅館業，必須取得自治體所發行的營業許可，並符合房間大小、住宿者名冊管理、消防、衛生等住宿設施的條件。要開放私人住宅持續提供住宿服務時，也會牴觸這套旅館業法，要以私人的房屋提供住宿服務，很難通過旅館業法所訂的各項標準。

此外，與附近居民之間的噪音問題、衛生管理上的問題、防止犯罪上的問題、睡覺

圖04｜關於Airbnb之類的「家庭旅館」，相關法律還沒有配套措施，
嚴格來說，抵觸了旅館業法，對各種問題的管理責任權責區分也不明確

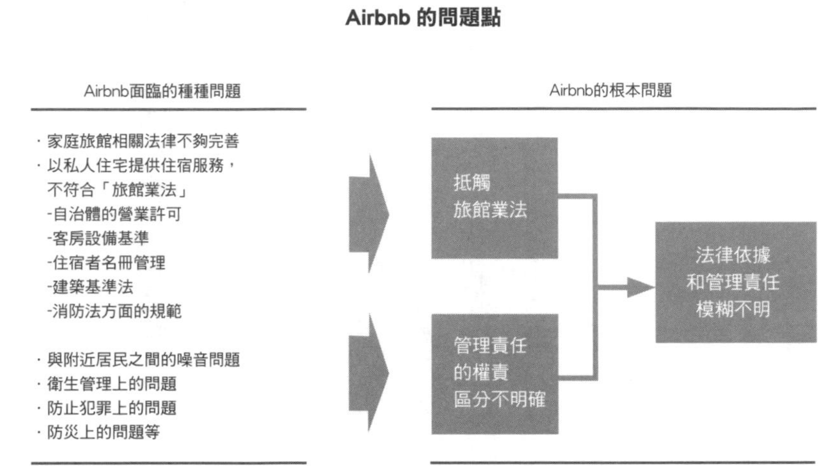

資料：取自各種報導，由 BBT 大學綜合研究所製作

圖05｜在美國的部分都市，會藉由課稅或限制天數來使其合法化

美國的 Airbnb 相關法律配套措施的狀況

費城（賓州）	・讓短期出租合法化 ・課 8.5%的住宿稅 ・限制連續出租不得超過三十天
波特蘭（奧勒岡州）	・課住宿稅 ・繳納 180 美圓的許可申請費 ・有通知鄰居的義務
舊金山（加州）	・課 14%的住宿稅
聖塔莫尼卡（加州）	・屋主有常駐的義務 ・登錄執照 ・課 14%的住宿稅
邁阿密（佛羅里達州）	・特定地區禁止（邁阿密海灘周邊）

資料：取自各種報導，由 BBT 大學綜合研究所製作

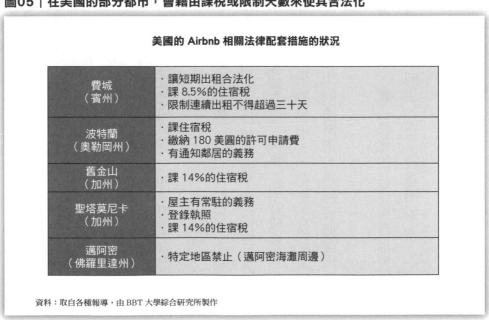

抽菸等防災上的問題等等，對於各種問題的管理責任權責不明這一點，也一直都被視為問題點，與 Uber 一樣，法律依據、管理責任的模糊不明，是他們面臨的課題。

向美國學習通往合法化之路

在美國的部分都市裡，會對 Airbnb 這類的家庭旅館課徵住宿稅，或是加上天數限制，來使其合法化（圖05）。

例如在賓州費城，他們讓短期出租合法化，和住宿設施一樣課以8.5％的稅，不過另外設了一個不能連續出租超過三十天的限制。而在奧勒岡州的波特蘭，除了課住宿稅外，還要在出租前支付許可申請費一八〇美元、檢查房屋、通知鄰居，把這一切當成義務。

另外，在加州舊金山會課14％的住宿稅，而在加州的聖塔莫尼卡，把屋主常駐當成義務，並且要登錄執照、課14％的住宿稅，而在佛羅里達州的邁阿密，邁阿密海灘周邊特定地區禁止營業。

在美國，自治體和業界就像這樣透過課稅來取得折衷，朝合法化的目標與自治體展開協議，藉此針對管理責任一一加以明確化，在這樣的方向下，逐步放寬限制。

開拓日本市場的突破口，就在於「活用空屋」

國內也出現家庭旅館鬆綁的徵兆

另一方面，在日本的特定地區，依照改革限制的國家戰略特別區域法規定，在特定區域不受旅館業法的限制（圖06）。

限制鬆綁條件有以下幾種，例如對象是外國人，在七~十天的範圍下使用、原則上房間的地板面積在二十五平方公尺以上、出入口和窗戶能上鎖、房間與房間、走廊的隔間必須是牆面等等。

此外還規定要有適當的通風、採光、照明、防溼、排水、冷暖氣設備；有廚房、浴室、廁所、洗臉臺設備；提供乾淨的房間；提供外語介紹、緊急情況時的資訊等，在政府下達的政令下，設下統一的細部條件。

不過，想要擴大家庭旅館的生意，就要像美國的例子一樣，讓各個自治體斟酌決定，以因應各地情況的形態，互相出點子，採納彼此意見，由中央將最低限度的規則法制化。沒必要設特區，而是應該由各個自治體自行斟酌決定來處理。

圖06｜就算在國內，也開始透過特區法，以外國人為對象，在附加條件下，不受旅館業法之限制

國家戰略特區法的「家庭旅館」鬆綁條件

- 適合外國人
- 使用期限為 7 ～ 10 天
- 房間的地板面積原則上要在 25 平方公尺以上
- 出入口和窗戶能上鎖
- 房間與房間、走廊的隔間必須是牆面
- 要有適當的通風、採光、照明、防溼、排水、冷暖氣設備
- 有廚房、浴室、廁所、洗臉臺設備
- 有寢具、桌子、椅子、收納家具、調理器具、清掃用具
- 提供乾淨的房間
- 提供外語介紹、緊急情況時的資訊

資料：取自厚生勞動省《針對國家戰略特別區域法之旅館業法特例實施》，由 BBT 大學綜合研究所製作

圖07｜國內的住宅庫存與家庭數目相互悖離的情況一直持續，如何活用空屋成為國家層級的課題

國內的住宅庫存與家庭數目，以及空屋率

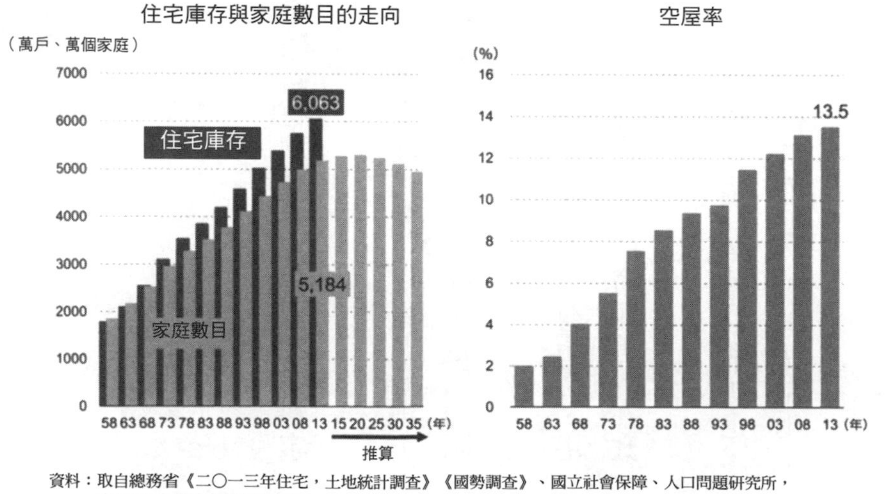

資料：取自總務省《二〇一三年住宅，土地統計調查》《國勢調查》、國立社會保障、人口問題研究所，由 BBT 大學綜合研究所製作

每年持續增加的空屋如何活用，是今後的關鍵

國內的住宅庫存與家庭數目相互悖離的情況一直持續，空屋率逐年攀升。從圖07可以看出，自一九九〇年代起，家庭數與住宅庫存拉開差距，二〇一三年約有五二〇〇萬個家庭，相對於此，住宅庫存卻約有六〇〇〇萬戶之多，空屋率攀升至14%左右，如何活用空屋成了國家層級的課題。未來若能不局限於特區，全國各地的家庭旅館都能鬆綁的話，對解決空屋問題應該會有很大的貢獻。

面對同業其他公司的反彈，該如何取得折衷

在推動國內的法律配套措施方面，最大的課題就是緩和與飯店、旅館業者的對立（圖08）。

擔心自己的勢力範圍被侵犯的飯店、旅館業者，舉整個業界之力反對限制鬆綁。而另一方面，想要有效活用空屋的不動產業者和租屋業者，也看準了限制鬆綁所帶來的商機。

國家和自治體對於這一連串的法律配套措施，陳述了「身為規範當局，會嚴格監督」的方針，但事實上，一來希望得到稅收，二來也「想以此作為活絡經濟的催化劑」。

讓 Airbnb 在日本普及的三大課題

對成長不如預期的飯店、旅館業者，以低價提供平臺

根據以上情況，在思考 Airbnb 今後走向方面，能考慮以下三個方向性（圖09）。

第一，對於在現在這個時間點處於對立關係的飯店、旅館業者所採取的戰略。國內有不少飯店和旅館因為住宿的旅客少而經營不善。對於這樣的業者，Airbnb 要以比「樂天 Travel」或「Jalan」還低的手續費提供訂房平臺。

相對於25%的手續費行情，Airbnb 若壓到10%以下，想登錄的業者便會增加，也能藉此緩和與業界對立的這個最大問題。

開放不動產業者、租屋業者的空屋

第二，可以向不動產業者、租屋業者提議，由業者承接私人房屋的物件，並擔保管

圖08｜要緩和與飯店、旅館業界的對立，所要面對的最大課題

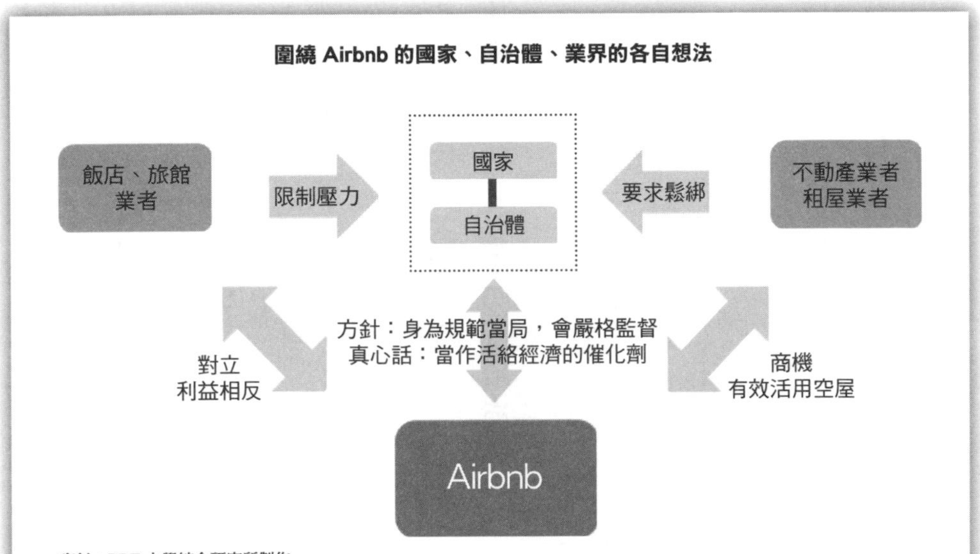
圍繞 Airbnb 的國家、自治體、業界的各自想法
飯店、旅館業者
限制壓力
國家
自治體
要求鬆綁
不動產業者
租屋業者
方針：身為規範當局，會嚴格監督
真心話：當作活絡經濟的催化劑
對立
利益相反
商機
有效活用空屋
Airbnb

資料：BBT 大學綜合研究所製作

圖09｜將所有利害關係人全拉進來，讓他們明白好處是什麼，以此打進他們的圈子裡

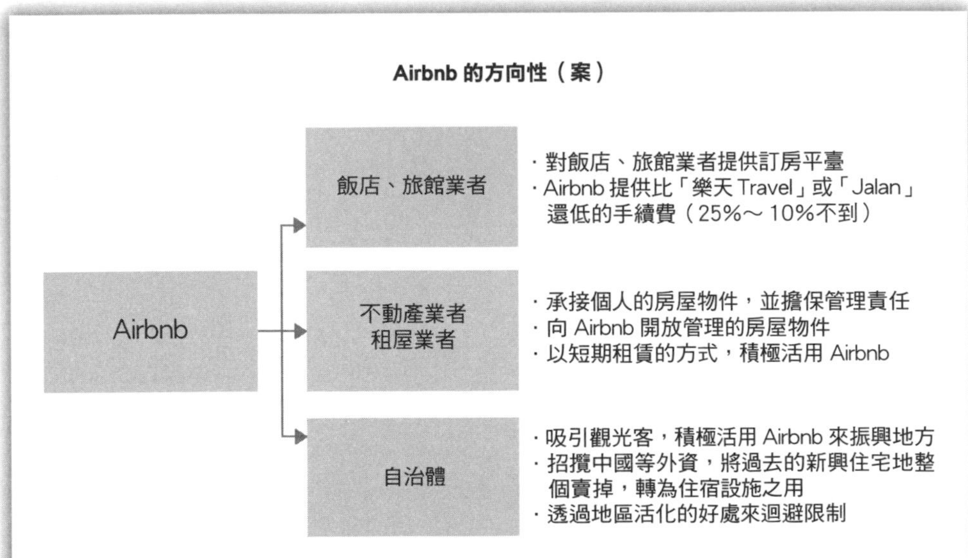
Airbnb 的方向性（案）
Airbnb
飯店、旅館業者
・對飯店、旅館業者提供訂房平臺
・Airbnb 提供比「樂天 Travel」或「Jalan」還低的手續費（25%～10%不到）
不動產業者
租屋業者
・承接個人的房屋物件，並擔保管理責任
・向 Airbnb 開放管理的房屋物件
・以短期租賃的方式，積極活用 Airbnb
自治體
・吸引觀光客，積極活用 Airbnb 來振興地方
・招攬中國等外資，將過去的新興住宅地整個賣掉，轉為住宿設施之用
・透過地區活化的好處來迴避限制

資料：由 BBT 大學綜合研究所製作

理責任上的風險，向 Airbnb 開放這些空屋。若能以短期租賃的方式積極活用管理的房屋，這些一直是國內問題的空屋便能得到運用。

此外，委託不動產業者、租屋業者擔任 Airbnb 的代理人，也是個辦法。事前的許可申請或登錄等法律上所需的必要手續，由房屋的持有人辦理，Airbnb 收取營業額的10％左右，給擔任代理人的業者3％左右當手續費，如此可確保彼此都能有新的獲利。

吸引來自國內外的觀光客，以振興地方的名義來因應自治體

第三，吸引來自國內外的觀光客，以振興地方的形式，積極活用 Airbnb。倘若觀光客增加，促進地區活絡，便能期待自治體的限制鬆綁。

招攬中國等外資，將過去的新興住宅地整個賣掉，轉為住宿設施之用，這也是個方法。

郊外仍留有許多已成空屋的三代同堂住宅。有不同的大門，且各自備有廚房的日本特有住宅，是最適合觀光客全家長期寄宿的房子。

例如像多摩的丘陵地帶，車站前餐廳和超市應有盡有，要連接東京市中心或關東近

郊也很方便，若能備齊像這種條件好的房屋物件，應該就能開創出新的商機。

像這樣將「飯店、旅館業者」、「不動產業者、租屋業者」、「自治體」，所有的利害關係人全部拉進來，分別讓他們明白好處是什麼，這麼一來，Airbnb 的服務應該也能在日本深耕。

歸納

- 對飯店、旅館業者，以低手續費提供訂房平臺，與業界建立合作關係。
- 不動產業者、租屋業者擔保管理責任上的風險，並向Airbnb開放管理的屋房物件。以短期租賃的形式，活用空屋及空房。
- 將過去的新興住宅地整個轉為住宿設施使用，以振興地方的形式積極活用Airbnb。以活絡地方的好處來迴避限制。

大前的總結

全球化的展開，不是一蹴可幾。要投注時間，一國一國慢慢攻下。

經營的全球感，不是那麼輕易就能培養。要以亞洲、歐洲這樣的地區當單位，不看國外，專注在一國一國的逐一接觸。光是一個國家，就得以十年的時間來推展事業，培養人脈，這點非常重要。開拓市場沒有捷徑。

CASE 11

宜得利控股

「最高收益」的時間點，就該放手去做

如果你是**宜得利控股**的社長，
在持續更新最高收益的此刻，
該如何邁出新的一步？

DATA

正式名稱	宜得利控股股份有限公司
設立	一九七二年三月
代表人	代表取締役社長　似鳥昭雄
所在地	總公司：北海道札幌市北區　東京總部：東京都北區
行業	零售業
事業內容	集團公司的經營管理及其附屬業務
資本額	一三三億七〇〇〇萬日圓（二〇一五年二月期〈包含相關企業〉）
營業額	四一七二億八五〇〇萬日圓（二〇一五年二月期〈包含相關企業〉）
員工	九二一五人（外部平均臨時雇員九八七七〈人〉）※二〇一五年二月期〈包含相關企業〉
官方網站	http://www.nitorihd.co.jp

※2015年9月現在

遠勝底下對手的宜得利控股

壓倒性的營業額和店鋪網

宜得利控股（以下簡稱宜得利）的營業額，在二〇一五年二月結算時，超過四〇〇〇億日圓，並持續增加收益中。

在國內的家具專門零售業界，與排名第二以下的對手拉開差距，建構出業界第一的優異業績。排名第二的是外資，同時也是世界最大家具零售的IKEA日本法人，營業額為七七二億日圓，排名第三的是在高級進口家具方面擁有優勢，目前力圖轉換經營方針的大塚家具，為五五五億日圓。

以國內店鋪數來看，IKEA有八家店，大塚家具有十六家店，相對於此，宜得利有三四六家店，擁有壓倒性的店面數（圖01）。

圖01｜在國內家具零售市場上，擁有壓倒性的店面數與銷售額

家具零售業的銷售排行榜

結算期	經營形態	公司名	營業利益率（%）	國內店面數
2015 年 2 月	家具	宜得利	4,173	346
2015 年 8 月	家具	IKEA 日本	772	8
2014 年 12 月	家具	大塚家具	555	16
2014 年 8 月	購物中心	島忠	528 ※ 僅家具銷售部分	56
2014 年 5 月	家具	東京 interior 家具	520	36
2015 年 3 月	購物中心	NAFCO	515 ※ 僅家具銷售部分	352
2015 年 3 月	家具	山新	504	27
2014 年 11 月	家具	ACTUS	155	24

資料：取自 Aik《Home Living》2015/6/5、東洋經濟新報社《公司四季報業界地圖 2016 年版》2015、各公司結算資料，由 BBT 大學綜合研究所製作

圖02｜「製造零售模式」的兩家公司，帶動家具與生活雜貨零售業界

國內家具與生活雜貨零售業的銷售排行榜

結算期	經營形態	公司名	營業利益率（%）	國內店面數
2015 年 2 月	家具	宜得利	4,173	346
2015 年 2 月	生活雜貨	良品計畫	2,603	401
2015 年 3 月	購物中心	NAFCO	※ 總銷售額 2,223	352
2014 年 8 月	購物中心	島忠	※ 總銷售額 1,662	56
2015 年 2 月	生活雜貨	LOFT	876	94
2015 年 3 月	購物中心	東急手創館	876	62
2014 年 8 月	家具	IKEA 日本	772	8
2014 年 12 月	家具	大塚家具	555	16
2014 年 5 月	家具	東京 interior 家具	520	36
2015 年 3 月	家具	山新	504	27
2015 年 1 月	生活雜貨	BALS（Francfranc）	321	147
2014 年 11 月	家具	ACTUS	155	24

資料：取自 Aik《Home Living》2015/6/5、東洋經濟新報社《公司四季報業界地圖 2016 年版》2015、各公司結算資料，由 BBT 大學綜合研究所製作

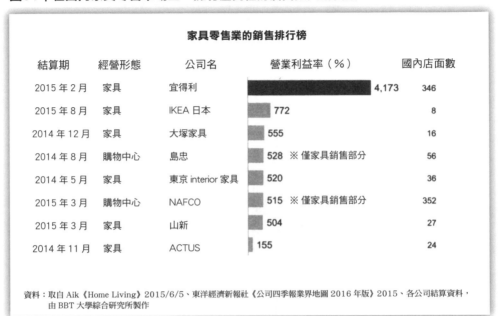

製造零售模式的兩家公司，帶動著業界

若將行業擴展到生活雜貨來看，創立「無印良品」品牌的良品計畫推展順利。以二〇一五年二月的結算來看，其營業額超過二六〇〇億日圓，僅次於宜得利，在業界排名第二（圖02）。

宜得利與良品計畫這兩家公司的共通點，是從商品企劃到製造、販售，全都在自家公司進行，人稱SPA（※speciality store retailer of private label apparel）的一種製造零售模式。SPA是藉由與供應連鎖店合併，省下給批發業者和通路業者的價差，而在商品開發方面，也能迅速反映消費者動向，這是其優點。其收益性非常高，在國內服飾業界，以「UNIQLO」的迅銷（Fast Retailing）最具代表性。

若比較國內家具和生活雜貨零售業的營業利益率會發現，宜得利的營業利益率超過15％，與進貨販售的一般零售模式相比，利益率相當高（圖03）。

例如都市型購物中心「東急手創館」，其知名度高，人氣也旺，但營業利益率卻只有0.9％。而大型進口家具店大塚家具，在二〇一四年十二月結算時，已由盈轉虧。國內的家具專業零售業者大多是小規模，但宜得利建構出製造零售模式，成長為一個實現高收益性的公司。

圖03｜以業界首屈一指的利益率自豪

國內家具和生活雜貨零售業的營業利益率

結算期	經營形態	公司名	營業利益率（%）
2015 年 2 月	家具	宜得利	15.9
2015 年 2 月	生活雜貨	良品計畫	9.2
2015 年 3 月	購物中心	NAFCO	3.3
2014 年 8 月	購物中心	島忠	7.2
2015 年 2 月	生活雜貨	LOFT	1.6
2015 年 3 月	購物中心	東急手創館	0.9
2014 年 8 月	家具	IKEA 日本	※ 非公開
2014 年 12 月	家具	大塚家具	※ 赤字
2014 年 5 月	家具	東京 interior 家具	※ 非公開
2015 年 3 月	家具	山新	※ 非公開
2015 年 1 月	生活雜貨	BALS（Francfranc）	※ 赤字
2014 年 11 月	家具	ACTUS	3.9

資料：取自 Aik《Home Living》2015/6/5、東洋經濟新報社《公司四季報業界地圖 2016 年版》2015、各公司結算資料，由 BBT 大學綜合研究所製作

圖04｜28期連續收益增加

宜得利的業績走向

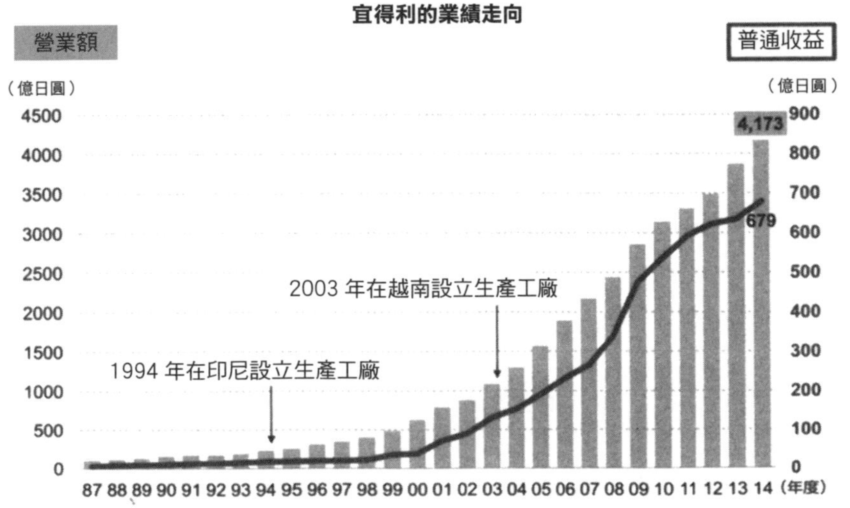

資料：取自第 43 回定時股東大會資料、有價證券報告書、新聞報導等，由 BBT 大學綜合研究所製作

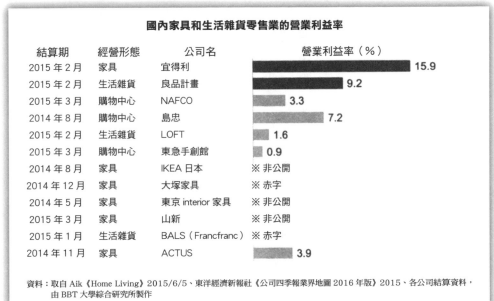

以製造零售模式來進行成本管理，實現長期性的收益增加

與市場縮小反其道而行的收益增加

看宜得利的業績走向，可以看出它的營業額持續上升。由於二十八期連續收益增加，它的普通收益於二〇一四年時直逼七〇〇億日圓（圖04）。

而另一方面，國內的家具市場有持續縮小的傾向。日本因結婚人數減少的影響，新建住宅動工的戶數，從一九九〇年代起，長期都有減少的傾向。伴隨而來的，是過去高達六兆日圓的家具市場規模，在二〇一四年度減為三・三兆日圓。

宜得利在這樣的狀況下，營業額持續成長，成為超過四〇〇〇億日圓的大公司（圖05）。

圖05｜在國內家具市場持續減少縮小的情況下，宜得利持續增加收入

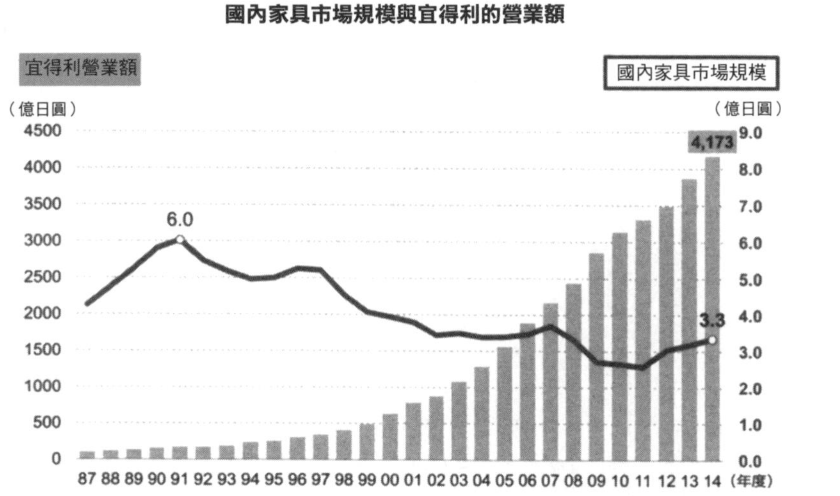

資料：取自第 43 回定期股東大會資料、有價證券報告書、新聞報導等、
Aik《2013 年版 Home Living 流通企業總覽》2012、《Home Living》2015/5/15，由 BBT 大學綜合研究所製作

圖06｜製造、物流、販售，全由自家公司進行，透過徹底的成本管理，實現高利益率

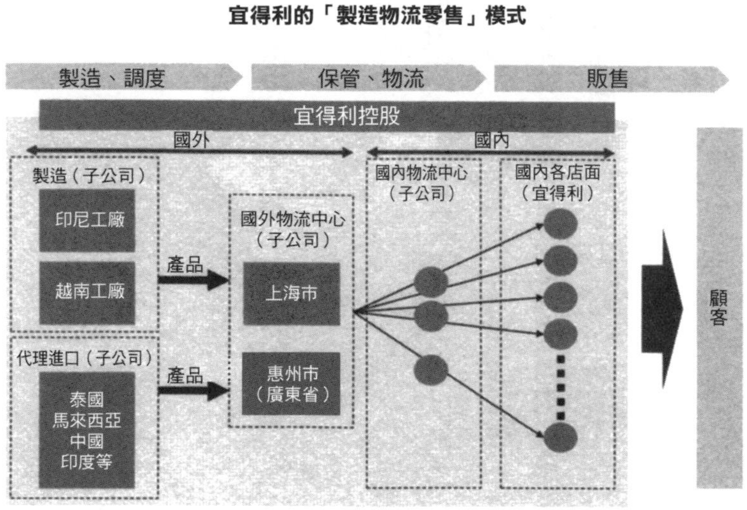

資料：取自有價證券報告書、結算資訊，由 BBT 大學綜合研究所製作

透過徹底的成本管理，達成高利益率

如前所述，支撐宜得利高利益率的，是從商品企劃到製造、物流、販售，全由自家公司一手包辦的SPA模式。

宜得利的產品是在印尼或越南的子公司工廠製造。此外，泰國、馬來西亞、中國、印度等國外子公司負責代理進口，這些產品會先暫時集中在中國的兩處物流中心，然後再分散至國內的物流中心，發送至各個店面。

像宜得利這樣，價值鏈的每個階段都在自家公司內進行，這在SPA模式中也算相當特異（圖06）。例如具代表性的SPA企業「迅銷」，是以直營店販售自家公司企劃的產品，但製造與物流則是委外。

其他許多SPA企業大都是將價值鏈中的某部分委外。在宜得利流的「製造物流零售模式」下，自家公司掌握了所有價值鏈，所以在每個階段都能徹底進行成本管理。因此，雖然提供便宜的商品，卻能實現高利益率。

圖07｜一面活用宜得利的強項，一面以「提高商品單價、顧客平均消費」、「擴大銷售區域」「擴大事業領域」來擬定成長戰略

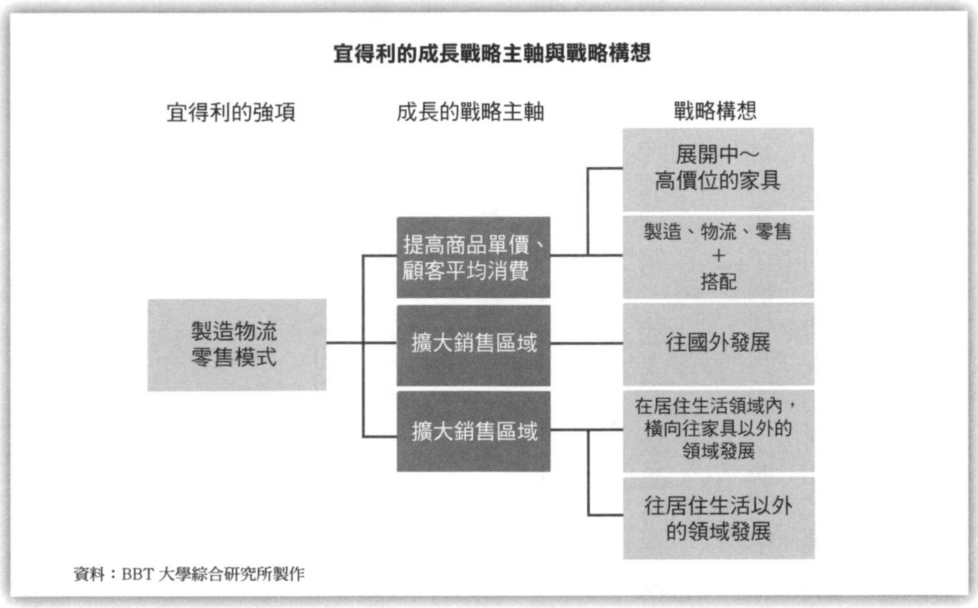
宜得利的成長戰略主軸與戰略構想
宜得利的強項
成長的戰略主軸
戰略構想
製造物流
零售模式
提高商品單價、
顧客平均消費
擴大銷售區域
擴大銷售區域
展開中～
高價位的家具
製造、物流、零售
＋
搭配
往國外發展
在居住生活領域內，
橫向往家具以外的
領域發展
往居住生活以外
的領域發展

資料：BBT 大學綜合研究所製作

活用宜得利的強項，全新投入國內外市場

在飽和的國內市場採取的成長戰略

在國內家具零售市場一片低迷的情勢下，試著思考可以讓宜得利今後持續成長的戰略主軸。首先，活用宜得利模式的強項「製造物流零售模式」，是不可或缺的。在飽和的國內市場以此作為成長戰略，依循「提高商品單價、顧客平均消費」、「擴大銷售區域」、「擴大事業領域」這三個主軸，具體展開思考（圖07）。

首先，針對「提高商品單價、顧客平均消費」的構想，要強化中～高價位家具，以求擴大客層。接著，為了要拉攏上流階層，必須強化室內裝飾的全套搭配服務。

接下來，針對「擴大銷售區域」的構想，還是免不了往國外發展。就像同樣採SPA模式的IKEA往全球推展一樣，宜得利勢必也得將目光放在歐美先進國家市場或新興國家市場上。

最後針對「擴大事業領域」的構想，在居住生活領域內，宜得利模式要橫向朝家具以外的領域推展。在此可以舉智慧家庭、衛浴、內部裝潢、外部裝潢、生活家電等領域為例。可進一步擴大領域，朝居住生活以外的領域展開宜得利模式，這也是可行的方向。

不過，若要進軍脫離本業的領域，會伴隨不小的風險，得從最能期待發揮相乘效果的周邊領域慢慢進攻，考量到這點，它似乎就顯得沒那麼急迫了。

沿用服裝品牌的戰略，加入高級品牌要素

首先要針對第一個提到的「展開中~高價位家具」，對過去都是傾力投入量產低價位商品的宜得利來說，如何加入高格調的設計，向上流階層宣傳，是其重要的課題。

圖08｜沿用服裝界的INDITEX（ZARA）、H&M的戰略，仿效高級品牌的設計，早一步投入市場

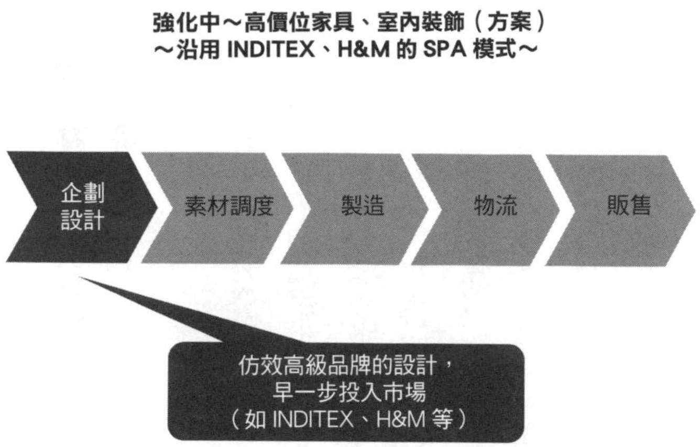
強化中～高價位家具、室內裝飾（方案）
～沿用 INDITEX、H&M 的 SPA 模式～
企劃
設計
素材調度
製造
物流
販售
仿效高級品牌的設計，
早一步投入市場
（如 INDITEX、H&M 等）

資料：BBT 大學綜合研究所製作

看服裝業界會發現，以快時尚聞名的「ZARA」的推展者INDITEX，以及「H&M」這些SPA品牌，他們仿效高級品牌的設計，早一步投入市場，成功拉攏了高品味的顧客層。宜得利也能採納同樣的手法，強化中、高價位的設計家具或室內裝飾，以擴大顧客層（圖08）。

高級品牌化和搭配的附加價值

第二，可以思考強化搭配服務，以作為搶攻上流階層的方式。以「宜得利模式＋1」，將價值鏈往下游擴展，以更接近顧客的位置來強化服務。

為此，要雇用專業的室內整合士，提出預想到十年、十五年後的家具搭配提案。不光只用自家公司的產品，其他公司的產品或進口家具也都能自由組合，藉由提供這樣的方案，以拉攏上流階層（圖09）。

拉攏已先行在國外發展的無印良品品牌

第三，針對在國外發展，我提出良品計畫的合併案。良品計畫在國外有超過三百家的店面，國外營業額比率也多達30%，是比宜得利搶先一步的企業。因此，藉由拉攏良品計畫，國外據點也會就此強化不少。

同樣是採製造零售模式，擅長家具的宜得利與擅長生活雜貨與國外發展的良品計畫，雙方的互補性相當高。宜得利可以考慮這樣的戰略模式，採取合併的形態，同時強化生活雜貨領域與國外市場（圖10）。

不過他們彼此都保有走自己獨特風格的意識，所以這項戰略或許不容易被接受。但良品計畫所持有的品牌印象相當出色，不光在國外，就算是在網路行銷上，無印良品也已樹立明確的品牌，就宜得利而言，是個不錯的選擇。

圖09｜在所有店面展開全套搭配服務，以拉攏上流階層

「製造、物流、零售」＋「搭配」（方案）
～宜得利模式＋1

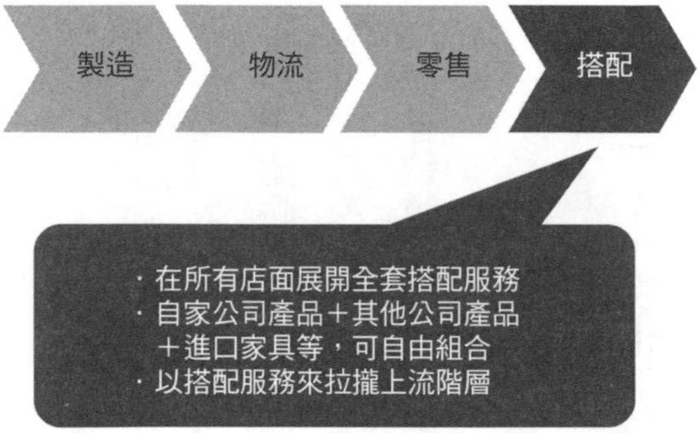

資料：BBT 大學綜合研究所

圖10｜同樣採取製造零售模式，擅長家具的宜得利與擅長生活雜貨和國外市場的良品計畫，有絕佳的互補性

在國外發展（方案）
～檢討與良品計畫的合併～

	宜得利	良品計畫（無印良品）
商業模式	製造零售（家具為主）	製造零售（以生活雜貨、服裝為主）
開設店面	國內＝346 國外＝27 （其中臺灣＝20）	國內＝401 國外＝301 （在歐洲、亞洲等地發展）
國外營業額比率	不明	30%
時價總額	1兆1,582億日圓 （2015年12月4日時）	7,199億日圓 （2015年12月4日時）

資料：BBT 大學綜合研究所製作

將夏普的總公司連同工程師一起接收，推展生活家電

有一則新聞提到宜得利收購夏普位於大阪市阿倍野區的總公司大樓。當中提到，宜得利與夏普簽定租賃契約，期限為二〇一八年三月，目標在二〇一九年九月開幕，預定要興建全新的店面。

正在經營重整的夏普，持續進行三五〇〇人規模的裁員（在BBT大學授課時的狀況）。這時，若是趁收購總公司之便，一併雇用夏普的工程師，以家電製造商的身分投入市場，是否也不錯呢？在全球的家電業界，沒有生產設備，將資源全集中在產品研究、企劃、研發、販售等功能上的「無廠家電製造商」，已愈來愈多。

若能雇用夏普經驗豐富的工程師，發展適合室內裝飾的自有品牌（PB）生活家電，這將能成為宜得利另一個新的強項（圖11）。

以「強化高級領域」、「強化下游」、「強化國外市場」、「投入家電」來謀求成長

如上所述，對於提高商品單價及顧客平均消費，要強化設計，投入中、高價位商品，透過全套搭配等提案型服務，來拉攏上流階層。

圖11｜雇用夏普的工程師，以無廠家電製造商的形態，推出生活家電自有品牌

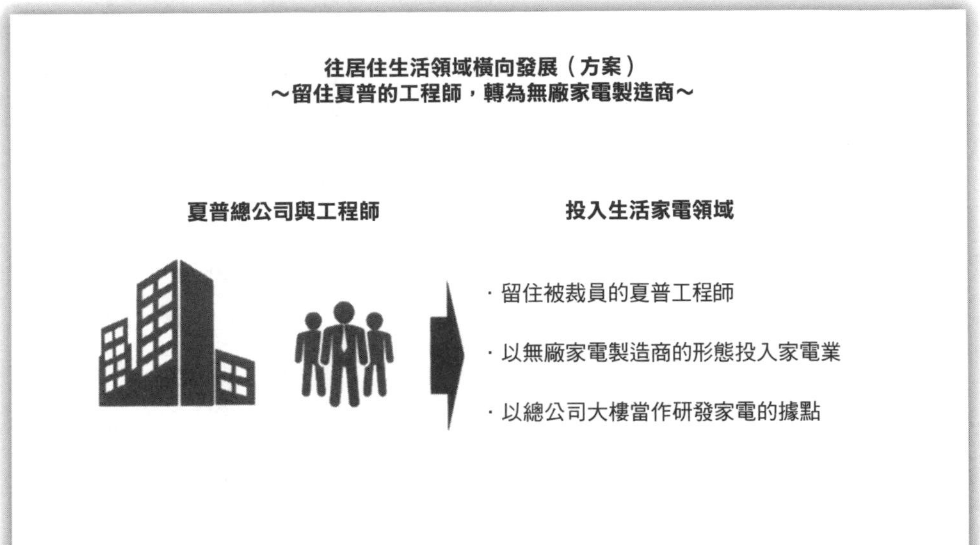
往居住生活領域橫向發展（方案）
～留住夏普的工程師，轉為無廠家電製造商～
夏普總公司與工程師
投入生活家電領域
· 留住被裁員的夏普工程師
· 以無廠家電製造商的形態投入家電業
· 以總公司大樓當作研發家電的據點

資料：BBT 大學綜合研究所

圖12｜以強化「高級領域」、「強化下游」、「強化國外市場」、「投入家電」來謀求成長

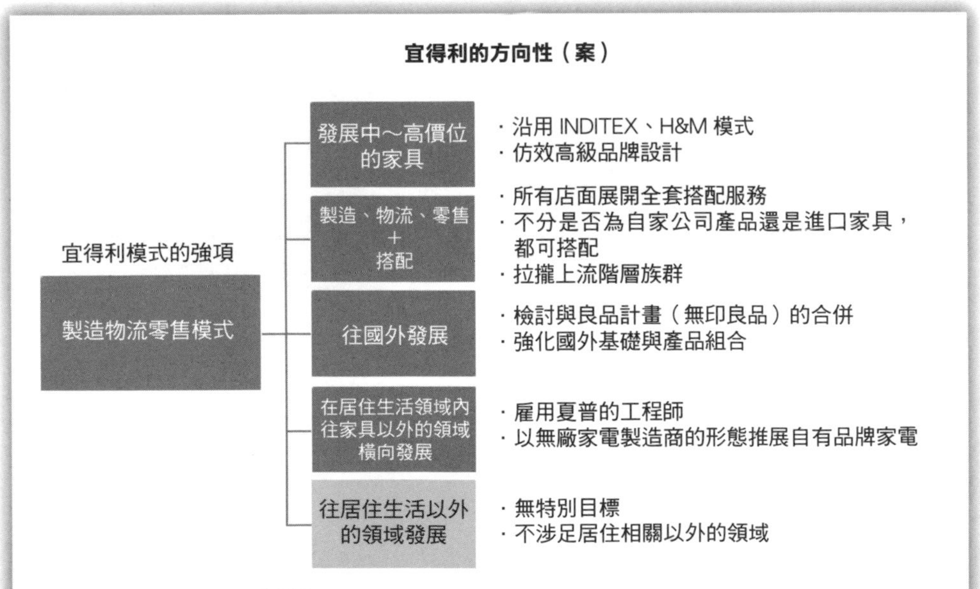
宜得利的方向性（案）
宜得利模式的強項
製造物流零售模式
發展中～高價位的家具
· 沿用 INDITEX、H&M 模式
· 仿效高級品牌設計
製造、物流、零售
+
搭配
· 所有店面展開全套搭配服務
· 不分是否為自家公司產品還是進口家具，都可搭配
· 拉攏上流階層族群
往國外發展
· 檢討與良品計畫（無印良品）的合併
· 強化國外基礎與產品組合
在居住生活領域內往家具以外的領域橫向發展
· 雇用夏普的工程師
· 以無廠家電製造商的形態推展自有品牌家電
往居住生活以外的領域發展
· 無特別目標
· 不涉足居住相關以外的領域

資料：由 BBT 大學綜合研究所製作

關於擴大販售區域，要透過與良品計畫的合併來強化國外市場的發展。關於擴大事業領域，則是要藉由雇用夏普的工程師，以無廠家電製造商的形態來投入生活家電。

宜得利就是需要以這樣的戰略來追求進一步成長。已擁有目前的成功，或許就不太想在戰略上多投注心力，但國內市場有趨於飽和、縮小的傾向。因此，必須進一步採納全新的成長戰略。

歸納

- 發展中～高價位的家具。加入搭配的提案力，開拓上流階層的客群。在所有店面展開包括進口家具在內的全套搭配服務。
- 檢討與良品計畫的合併，看準國外市場的強化，以及產品組合的補強和強化。
- 以無廠家電製造商的形態推展自有品牌家電。

大前的總結

如果是以逐漸縮小的國內市場為對象，就要將目標鎖定在上流階層

考量到逐漸減少的人口，只鎖定國內的戰略是行不通的。如果是只鎖定國內市場，那就應該看準今後會愈來愈多的銀髮族。日本在全世界算是相當罕見的「儲蓄民族」，要想出讓日本的銀髮族願意主動掏錢的好方法。

CASE 12

島精機製作所

要怎麼做才能贏過「中國」？

如果你是**島精機製作所**的社長，
要如何擬定戰略，
目標成為二十一世紀的卓越企業？

DATA

正式名稱	島精機製作所股份有限公司
設立	一九六二年
代表人	代表取締役社長　島正博
總公司所在地	和歌山縣和歌山市
行業	纖維機械
事業內容	電腦橫編機、電腦設計系統、自動裁切機、手套襪子編織機
資本額	一四八億五九八〇萬日圓
營業額	四〇四億五五〇〇萬日圓（二〇一五年三月）
員工	一二一八人（相關企業員工　一七六六人）
官方網站	http://www.shimaseiki.co.jp/

※2015年4月現在

因中國製造商的竄起而吃盡苦頭：橫編機的世界級製造商

主力事業為橫編機的製造、販售

島精機是總公司設在和歌山縣的橫編機製造龍頭。服裝產品中的針織品，大部分都是由電腦控制的編織機生產而成。島精機在這個領域上的橫編機擁有世界級的市占率，除了普及型的橫編機外，還有無縫線立體編織的「全成型橫編機」，做出的衣服質地舒適，且設計性絕佳，頗獲好評。

該公司二〇一四年度的相關企業營業額約四八四億日圓，橫編機便占了整體的74.7％。

此外，以電腦處理的產品設計、製圖系統CAD、以及為了實際製造以CAD做出的產品數據，而用來編寫其程式的系統CAM，兩者結合，從設計到製造全部整合為一的這套生產系統，島精機也正展開加以建構的設計系統相關事業。營業額只占全體的7.5％，只算是小規模，但這方面也頗受矚目。

圖01｜自二〇〇九年後，獲利劇減

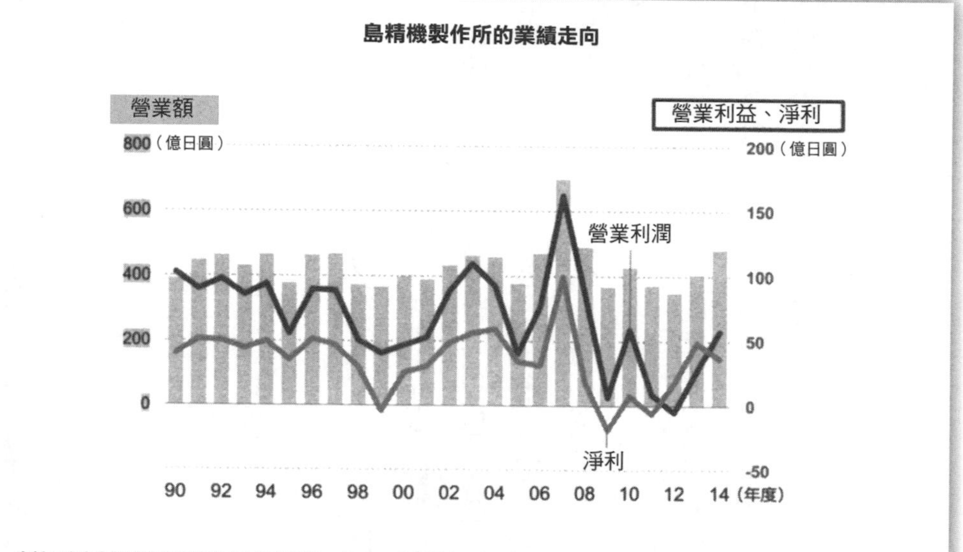
島精機製作所的業績走向
營業額
營業利益、淨利
800（億日圓）
600
400
200
0
200（億日圓）
150
100
50
0
-50
營業利潤
淨利
90
92
94
96
98
00
02
04
06
08
10
12
14（年度）
資料：取自島精機製作所的投資人報告資料，由BBT大學綜合研究所製作

接著是手套襪子編織機，它占5.9％（取自島精機製作所投資人報告資料）。

自二〇〇九年後，獲利大幅縮減

創造出「全成型橫編機」和設計系統的島精機，其技術能力在全球獲得很高的評價。但是自二〇〇九年後，其營業額雖然沒多大變動，但獲利卻劇減。二〇〇七年的淨利直達一〇〇億日圓，但二〇〇九年最終卻轉為赤字，二〇一二年度更是呈現營業赤字（圖01）。

看其營業利益率的走向可以發現，一九九五～九九年為15.8％、二

○○○～○○四年為18.2％、二○○五～二○○九年則維持在15.4％和10％以上，但二○一○～一四年則急轉直下，降為7.2％（取自島精機製作所的投資人報告資料）。

昔日的「強項」，突然轉為現今的「弱項」

中國製造商的加入，造成市占率下降，價格崩盤是獲利性變差的真正原因

其業績不振的背後，大批中國製造商加入市場是主因。和其他服裝產品一樣，由於中國大量生產，橫編機在中國大量使用，因而當地的橫編機製造商搶進了這個領域。

看圖02的橫編機全球出貨臺數可以得知，二○○○年前半年約一萬臺左右，成長緩慢，而到了後半年，由於中國市場增加，全球出貨臺數增加為二萬臺，中國市場竄起，占了全球需求的一半左右。而自二○一○年起，因中國製造商的大量加入，全球出貨臺數在二○一一年的巔峰期達到七萬臺，而中國市場占了其中將近八成。

圖02｜橫編機的全球出貨臺數，自二〇一〇起，因中國製造商的大量加入而急速擴大

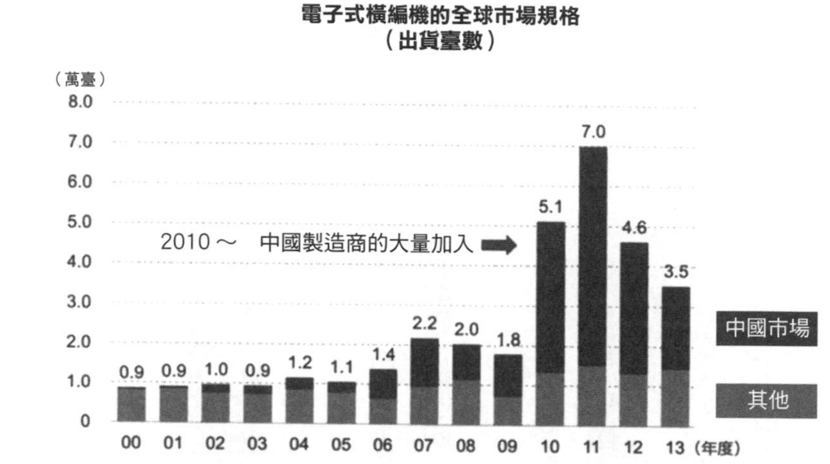

資料：取自國際纖維產品製造業者連合會（ITMF）資料，由 BBT 大學綜合研究所製作

圖03｜中國製造商大量加入造成「價格崩盤」，是利益率惡化的真正原因

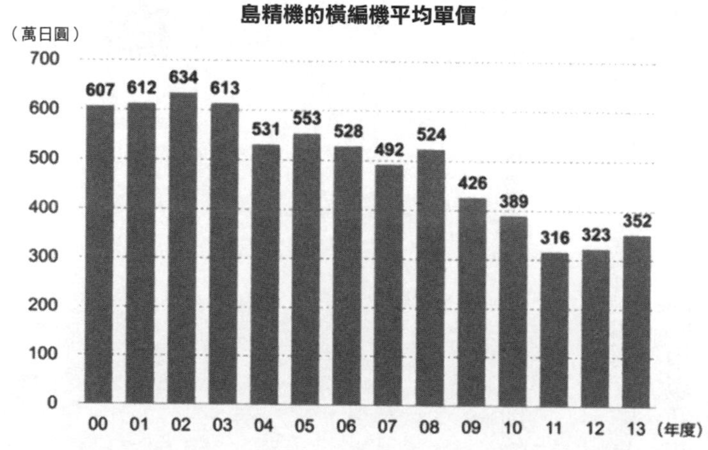

※ 單純以橫編機事業的營業額除以販售臺數
資料：取自島精機製作所的投資人報告資料，由 BBT 大學綜合研究所製作

在此影響下，過去島精機超過60％的世界市占率，在二〇一〇年減為18％，二〇一一年減為13％。二〇一三年一度恢復為25％，但仍不到巔峰時期的一半（取自島精機製作所投資人報告資料）。

此外，因中國製造商的竄起，橫編機的平均單價下滑，引發價格崩盤，利益率惡化。如圖03所示，該公司的橫編機平均單價在二〇〇〇年前半年為六百萬日圓左右，但後來價格逐漸下滑，二〇一〇年更降至三百萬日圓。

透過數據資料可清楚確認，因中國製造商竄起，過去以高達六成的傲人市占率，如今減為兩成左右，而且還價格崩盤，平均單價減到將近一半，獲利性急劇惡化。

以目前的現狀，沒有餘力降低成本

圖04是島精機的成本結構，二〇〇〇年時，原本偏低的原價率突然急速上升，而原本穩定處於20％臺以上的銷售管理費比率，後來升至30％臺以上，就此停住，營業利益率一片低迷。

換句話說，島精機陷入「因為賣不出去，所以想多花銷售管理費加以賣出，使得營業利潤繼續往下掉」的惡性循環中。

圖04｜原價率、銷售管理費率居高不下，面對低價壓力，有必要重新評估成本結構

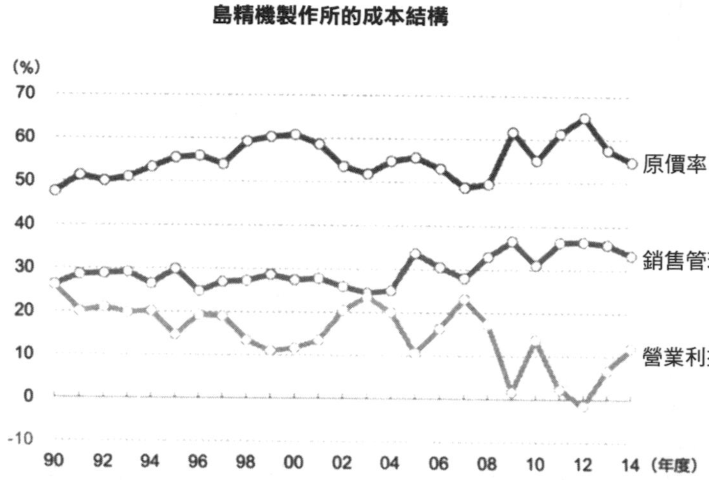

資料：取自島精機製作所的投資人報告資料，由 BBT 大學綜合研究所製作

圖05｜原本視為優勢來源的國內一貫生產體制，如今轉化為高成本特性的弱勢

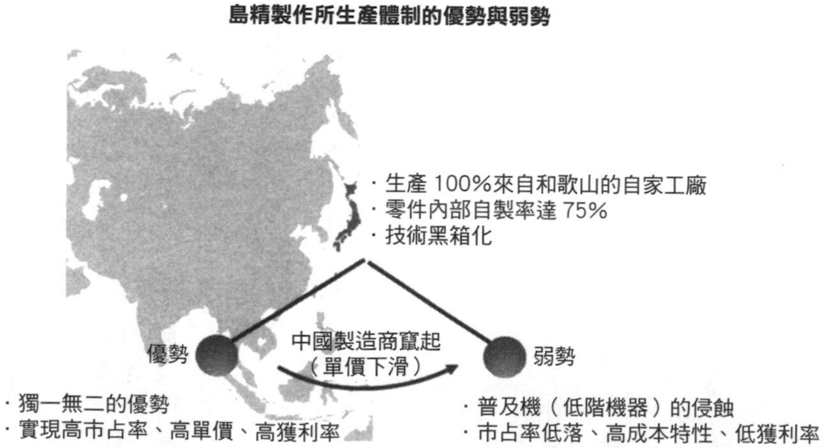

資料：BBT 大學綜合研究所製作

圖06｜島精機面對的課題，是透過「強化高附加價值的各領域」與「強化成本競爭力」，來強化獲益力

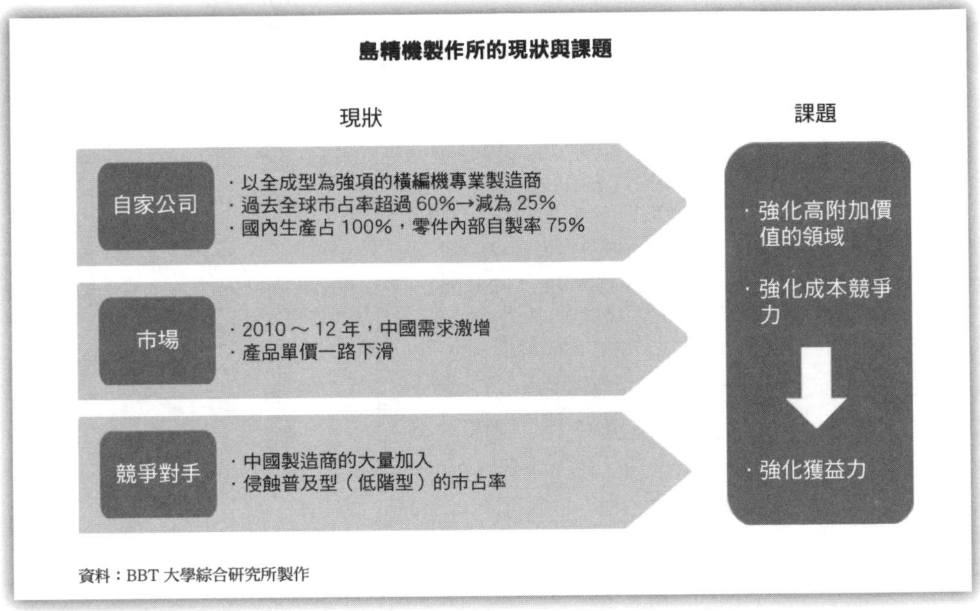
島精機製作所的現狀與課題
現狀
課題
自家公司
· 以全成型為強項的橫編機專業製造商
· 過去全球市占率超過 60%→減為 25%
· 國內生產占 100%，零件內部自製率 75%
市場
· 2010 ～ 12 年，中國需求激增
· 產品單價一路下滑
競爭對手
· 中國製造商的大量加入
· 侵蝕普及型（低階型）的市占率
· 強化高附加價值的領域
· 強化成本競爭力
· 強化獲益力
資料：BBT 大學綜合研究所製作

想要改善獲利性，必須從根本來重新評估這樣的成本結構。島精機的所有產品，現在仍舊是在和歌山縣的自家工廠生產，大部分零件也都是內部自行製造，藉此將技術黑箱化。

這樣製造出的產品，發揮出獨一無二的強項，實現了「高市占率、高單價、高利益率」。但由於中國製造商的竄起，以低階機器為主，產生價格崩盤，就此受到波及。面對低價壓力，原本視為優勢來源的國內一貫生產體制，轉化為高成本特性的弱勢，造就了現在的低利益率（圖05）。

首要目標是強化獲益力

「強化高附加價值的領域」和「強化成本競爭力」是當前課題

我們來整理一下島精機的現狀與面臨的課題吧。

如圖06所歸納，過去它曾是在橫編機方面傲視群雄的製造商，但是自二〇〇九年起，因中國製造商的大量加入導致市占率降低及單價下滑，獲利性轉為惡化。有必要重新評估其成本結構，但昔日優勢的國內生產率100％及零件內部自製率75％的生產體制，使得要降低成本有所困難，此乃其現狀。

在這樣的狀況下，為了成為二十一世紀的卓越企業，他們應克服的問題，是透過「強化高附加價值領域」與「強化成本競爭力」，來強化獲益力。我們就來針對其因應戰略展開思考吧。

獨一無二的產品「全成型橫編機」握有關鍵

島精機的橫編機有「裁切&縫合型」和「全成型」兩種（圖07）。「裁切&縫合型」，是透過縫製將裁好的編織物製作成一件衣服，身為現今全球標準的「裁切&縫合型」，為島精機的主力產品。但對於這種類型的產品，中國製造商採低成本生產，擴大市占率，島精機直接受到重創。

而另一方面，「全成型」是以無縫線的工法製作針織衣，受到國內外高級服飾製造商的高度支持。這是島精機的獨門產品，所以能突顯出與中國製造商的差異。

而運用「全成型橫編機」的半訂做針織產品，也展開了直銷事業。在日本橋島屋的直營店「SAMAND'OR」，會依照客人喜好的設計接訂單，做出在和歌山縣的服裝工廠生產的針織品。由於這種技術和系統為獨門絕活，所以在中國製造商竄起的局勢下，還是能突顯出島精機的差異性。

圖07｜中國製造商竄起，直接受到影響的是普及型的「裁切＆縫合」型

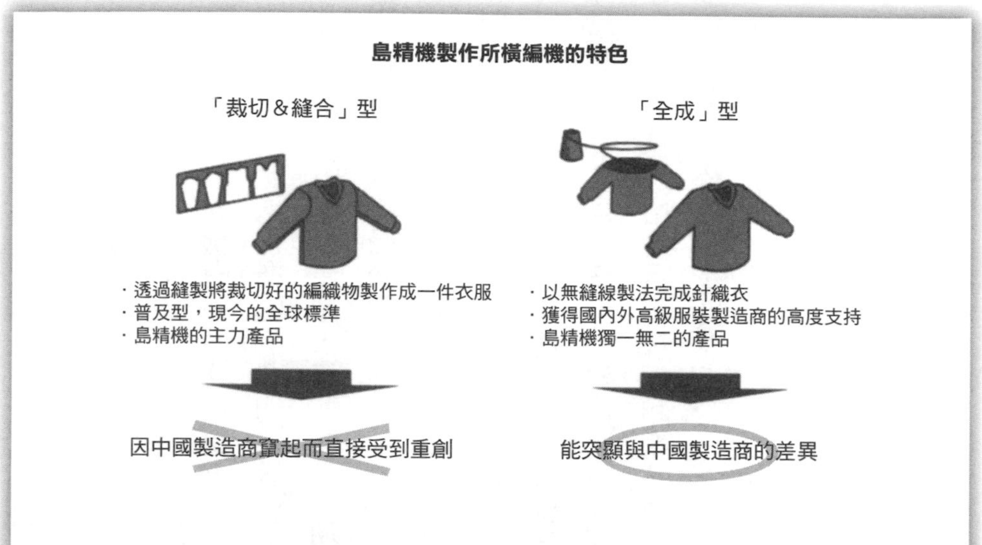
島精機製作所橫編機的特色
「裁切＆縫合」型
「全成」型
・透過縫製將裁切好的編織物製作成一件衣服
・普及型，現今的全球標準
・島精機的主力產品
・以無縫線製法完成針織衣
・獲得國內外高級服裝製造商的高度支持
・島精機獨一無二的產品
因中國製造商竄起而直接受到重創
能突顯與中國製造商的差異

資料：取自島精機製作所網頁、各種報導，由 BBT 大學綜合研究所製作

圖08｜推展設計製作所，接受設計師、服裝製造商、個人的訂單，收取使用費

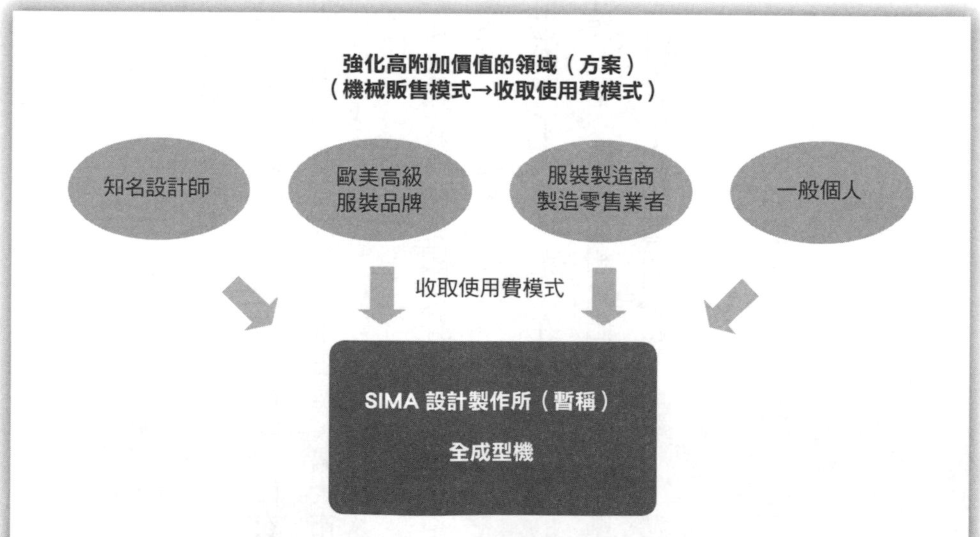
強化高附加價值的領域（方案）
（機械販售模式→收取使用費模式）
知名設計師
歐美高級服裝品牌
服裝製造商製造零售業者
一般個人
收取使用費模式
SIMA 設計製作所（暫稱）
全成型機

資料：BBT 大學綜合研究所製作

從機械販售模式
轉往收取使用費模式

要強化有高附加價值的領域，就應該如前所述，以能夠成為強力武器的全成型橫編機作為主軸。此外，為了謀求獲利的穩定，不妨思考轉換商業模式，從機械販售模式轉為收取使用費模式。

這方法是開放島精機已在直營店施行的針織產品製造工程部分，接受知名設計師、高級服裝品牌、SPA（製造零售業者），甚至是一般個人的訂單，藉此收取設備使用費（圖08）。

由於島精機直接經營無縫線針織品專用工廠（暫稱：SIMA設計製造所），設計師或服裝製造商不必購買高額的機械，想用的時候就用，支付其使用費，不會造成無謂的浪費。此外，生產工廠沒安排工作的時間，可分配給其他設計師或服裝製造商，以提高工作效率，求得最大的使用費收入。

在機械販售模式的情況下，會隨著需求的一方投資設備的時機不同，而有每年產生庫存或營業額變動的風險，不過在收取使用費的模式下，則沒有這些風險，能時時保有穩定的收入，這也會是其優點。

圖09｜對於普及機，要檢討與中國知名製造商合作的可行性，以求強化成本競爭力

強化成本競爭力（案）
～國譽、本田的案例～

國譽的案例	・收購製造「Campus」筆電模仿品的中國筆電最大製造商 ・與在中國市場製造辦公家具模仿品的臺灣製造商進行資本合作 ・在地企業進行生產、販售、擬定模仿品對策
本田的案例	・與模仿本田生產摩托車的中國製造商一同成立合營公司 ・活用中國製造商所擁有的低價零件調度對象 ・強化本田原廠貨的成本競爭力

資料：由 BBT 大學綜合研究所製作

此外，藉由得知更接近消費者的需求動向，自己公司可以控制橫編機設備的更新時機。而藉由進一步累積設計資料，有可能接到服裝製造商的設計提案型訂單，這些資料也能活用在新型橫編機的產品開發上。

最近運用數位道具和外包的小規模製造趨勢「自造者運動」（參考一三五頁）方興未艾。活用全成型橫編機來主導服裝業界的自造者運動，應該能促成高附加價值領域的強化。不光只在日本國內，在世界各地也都設立設計製造所，這麼一來，便有可能推展全球規模的事業。

為了強化成本競爭力，必須與中國有實力的製造商合作

如前所述，島精機的普及型橫編機全是在國內工廠生產，所以成本較高。中國製造商的產品只有約莫一半的價格，所以島精機的普及型橫編機也應該在國外生產才對。這得先與中國製造商進行資本合作或收購。像這樣的情況，有國譽與本田的先例（圖09）。

以國譽的情況來看，他們在二〇一一年收購生產他們公司仿冒商品的中國最大筆電製造商，投入在當地的製造和販售。雖然國內的文具市場有逐漸縮小的傾向，但他們的目標是藉由這次的收購來拉抬營業額。

此外，該公司在辦公家具的領域也對中國市場進行搶攻，但因價格比當地其他製造商的產品來得高，市占率成長不如預期。於是在同一年，他們與製造國譽產品模仿品的臺灣企業展開資本合作，成功將價格壓到原本的一半。這些當地企業進行生產、販售、擬定模仿品對策，強化了國譽的成本競爭力。

同樣的，本田也讓中國製造商成為合作夥伴，藉此強化價格競爭力。在中國，從以前就開始模仿日本製造商的摩托車，不過本田與生產山寨摩托車的中國製造商聯手設立合營公司，以製造廉價版的方式，成功強化了正規產品的價格競爭力。

圖10｜藉由商業模式的轉換，強化高附加價值的領域，並透過普及型的國外生產，以謀求成本競爭力的強化

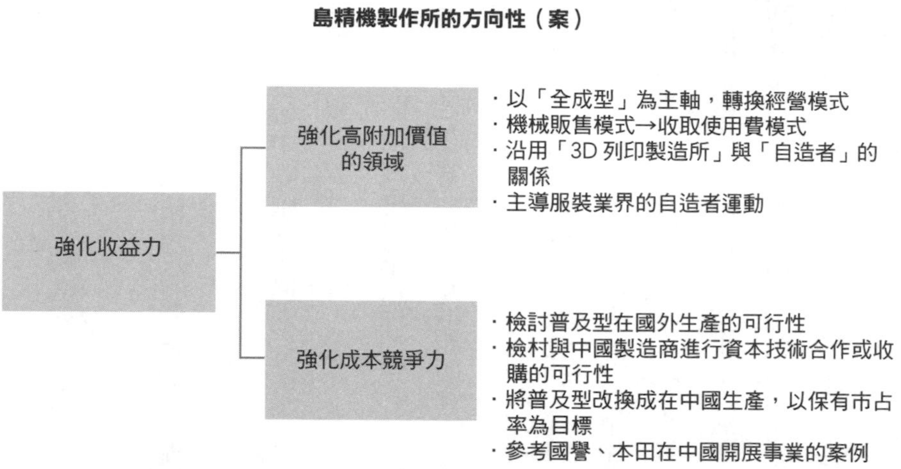
島精機製作所的方向性（案）
強化收益力
強化高附加價值的領域
・以「全成型」為主軸，轉換經營模式
・機械販售模式→收取使用費模式
・沿用「3D 列印製造所」與「自造者」的關係
・主導服裝業界的自造者運動
強化成本競爭力
・檢討普及型在國外生產的可行性
・檢村與中國製造商進行資本技術合作或收購的可行性
・將普及型改換成在中國生產，以保有市占率為目標
・參考國譽、本田在中國開展事業的案例

資料：BBT 大學綜合研究所製作

如同國譽和本田所採取的戰略，島精機也應該將普及型橫編機改換成在國外生產。不妨檢討與中國製造商進行資本技術合作或收購的可行性，以保有市占率為目標。

因中國製造商的大量加入，利益率急速下滑，在這樣的現況下，島精機需要的是強化收益力。

必須轉換成以全成型橫編機為主軸的商業模式，藉此強化高附加價值的領域，並與中國製造商聯手，在國外生產普及型產品，強化成本競爭力。

我認為，這就是以成為二十一世紀卓越企業為目標的島精機所該採取的戰略。

歸 納

- 以獨一無二的全成型橫編機為主軸，以強化高附加價值。島精機自行展開無縫線針織品的製造工廠，從機械販售模式轉換成收取使用費模式，在全球推展。

- 檢村與中國製造商進行資本技術合作以及收購的可行性，針對普及型產品，透過國外生產以求強化成本競爭力。

大前的總結

將競爭對手變成戰力。不是光靠自己的公司單打獨鬥，而是創造一個可讓其他公司大顯身手的平臺

不要只局限在自家公司的開發和流通，如何將眾多玩家拉進自己公司的生態系統中，也是一項重點。AndroidOS 即是如此，Kindle 也是。在全球市場中，為了搶奪市占率，就算是自己的競爭對手，也要請對方使用自己的主場，得擁有這樣的度量。

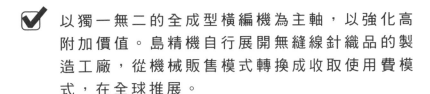

結語——

人生是一連串的抉擇

舉各個業界的這十二個個案為例，想必各位都已經過一番思考，導出和我不同的一套結論了吧。

要從零開始，找出課題，設這樣的門檻是高了點，不過，當各位在企業中遇上新的課題，或是遇到瓶頸時，我希望你可以在心裡想「也許我遇上了和當時的 Lawson 一樣的難題」，以此展開類推，並運用在本書的個案研究中學到的技術。

人生是一連串的抉擇。

從日常生活中的小抉擇，到左右企業或國家未來的重大決策判斷，人的一生時時都被迫得做出某種抉擇。在每個重要時刻，你是否有決斷力、有決策判斷力，在你的人生中會愈來愈重要。如果是我，我會怎麼做？要時時思考這個問題，養成導出自己一套解決方法的習慣，一旦遇上關鍵時刻，不論是在職場、家庭，還是交際圈，在生活中的各種場合都派得上用場。如果是我，會如何思考，如何做決策判斷呢？如果沒有自己一套思考方法，就只是人云亦云，這樣不光是自己不會成長，周遭人對你也不會抱持任何期待。

很遺憾，在日本教育下成長的人們，往往不會去想自己要是遇上這種情況會怎麼做，而是習慣只根據學校學到的事去思考。許多日本人就這樣無法發揮獨創、自由的構想。大家總是都戰戰兢兢的心想「要是我這麼說的話，不知道周遭的人會怎麼說我」，考慮很多才發言。這麼一來，情況不會有任何改變，而且問題也不會解決。

若能透過本書，讓各位能以自由的構想去思考事物的本質，並養成這樣的習慣，運用在你往後的生活和工作中，那將會是我最感到欣慰的事。

二〇一六年六月　大前研一

國家圖書館出版品預行編目資料

大前研一「新・商業模式」的思考 / 大前研一 著；
高詹燦 譯 -- 初版. -- 臺北市：平安，2017.04
面；公分. --（平安叢書；第 0554 種）（邁向成功；64）
譯自：大前研一「ビジネスモデル」の教科書
ISBN 978-986-94552-0-6（平裝）

1. 商業管理 2. 創造性思考

494.1 106003398

平安叢書第 554 種
邁向成功 64

大前研一「新・商業模式」的思考

大前研一「ビジネスモデル」の教科書

作　者—大前研一
譯　者—高詹燦
發 行 人—平雲
出版發行—平安文化有限公司
台北市敦化北路 120 巷 50 號
電話◎ 02-27168888
郵撥帳號◎ 18420815 號
皇冠出版社（香港）有限公司
香港上環文咸東街 50 號寶恒商業中心
23 樓 2301-3 室
電話◎ 2529-1778　傳真◎ 2527-0904
總 編 輯—龔橞甄
責任編輯—蔡維鋼
美術設計—王瓊瑤
著作完成日期— 2016
初版一刷日期— 2017 年 4 月

法律顧問—王惠光律師

讀者服務傳真專線◎ 02-27150507
電腦編號◎ 368064
ISBN ◎ 978-986-94552-0-6
Printed in Taiwan
本書定價◎新台幣 320 元 / 港幣 107 元